宇 宙 探 索 大 百 科

红外宇宙

[西]伊格纳西 · 里巴斯/著 廖振玄 贾楠 苟利军/译

天 地 出 版 社 | TIANDI PRESS

图书在版编目（CIP）数据

红外宇宙 / (西) 伊格纳西・里巴斯著；廖振玄，
贾楠，苟利军译. —成都：天地出版社，2022.7（2023.3重印）
（宇宙探索大百科）
ISBN 978-7-5455-6938-4

Ⅰ. ①红… Ⅱ. ①伊… ②廖… ③贾… ④苟… Ⅲ.
①宇宙－普及读物 Ⅳ. ①P159-49

中国版本图书馆CIP数据核字(2022)第005369号

著作权登记号　图进字：21-2021-541

HONGWAI YUZHOU
红外宇宙

出 品 人	杨　政	**责任编辑**	王　倩　刘桐卓
总 策 划	陈　德　戴迪玲	**特约编辑**	王玮红
联合策划	北京高朗文化传媒有限公司	**装帧设计**	霍笛文　刘　蕊
作　　者	［西］伊格纳西・里巴斯	**责任印制**	刘　元
译　　者	廖振玄　贾　楠　苟利军		
策划编辑	王　倩		

出版发行　天地出版社
（成都市锦江区三色路 238 号　邮政编码：610023）
（北京市方庄芳群园 3 区 3 号　邮政编码：100078）
网　　址　http://www.tiandiph.com
电子邮箱　tianditg@163.com
经　　销　新华文轩出版传媒股份有限公司

印　　刷　北京中科印刷有限公司
版　　次　2022 年 7 月第 1 版
印　　次　2023 年 3 月第 4 次印刷
开　　本　889 mm × 1194 mm　1/16
印　　张　5.75
字　　数　100 千
定　　价　45.00 元
书　　号　ISBN 978-7-5455-6938-4

咨询电话：（028）86361282（总编室）
购书热线：（010）67693207（营销中心）

本版图书凡印刷、装订错误，可及时向我社营销中心调换。

大象无形
不可见的浩瀚宇宙

红外宇宙

通过观测红外波段的宇宙，可以发现天空中充满了未解之谜，这是因为能够被我们的眼睛感知的只是恒星发出的光的一小部分。

WISE 眼中的天空

图为广域红外巡天探测者（WISE）获得的红外图像拼接图。每种颜色均对应特定的波长，例如，波长 3.4 微米的光是青色，而绿色和红色分别代表在波长 12 微米和 22 微米处接收到的辐射。

极深红外场

这张来自哈勃空间望远镜（Hubble Space Telescope）的图像结合了可见光和红外线。最小而最红的星系是最远且最古老的。实际上，它的光在宇宙只有 8 亿年历史时就已经存在。

遥望星系……

在望远镜的最大观测极限内，在最遥远的太空中，出现了最遥远星系的红光，这些星系的光来自时间的起点。

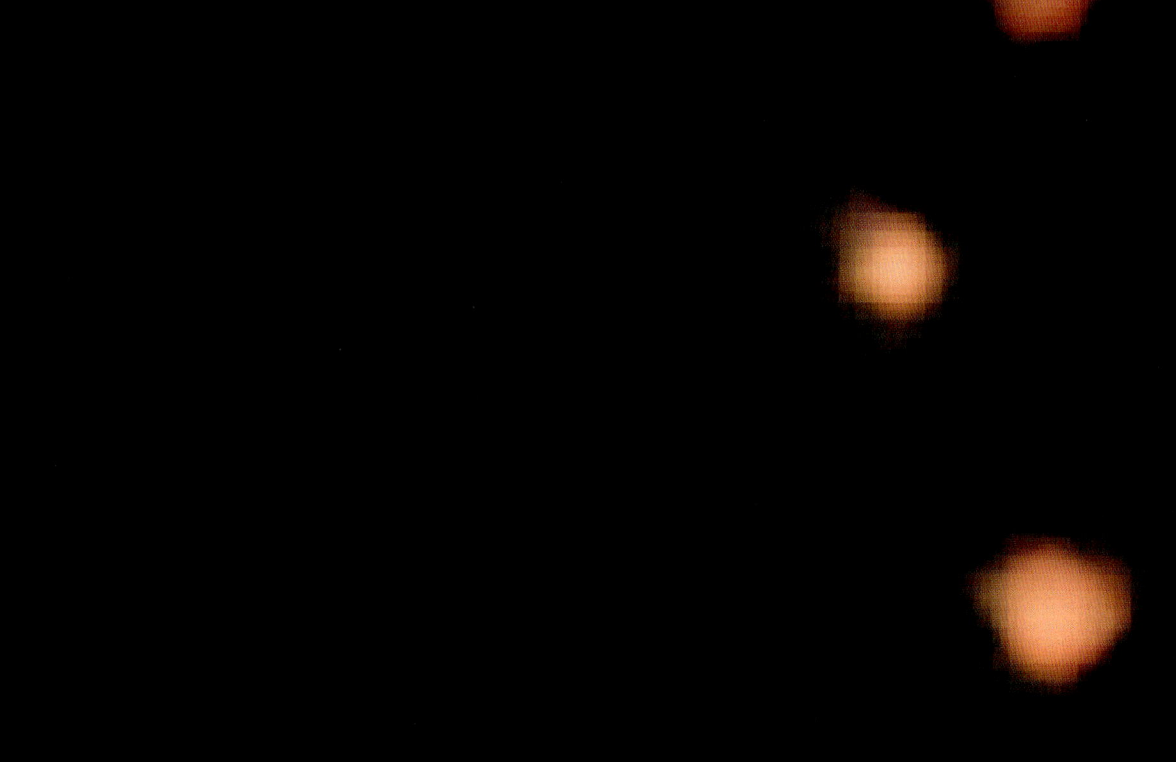

……神秘能量显现

一个迷人的由 14 个点组成的微红色和微黄色相间的结构出现在大约 124 亿光年处，大量的恒星在其中形成，其形成速率比银河系快 1000 倍。

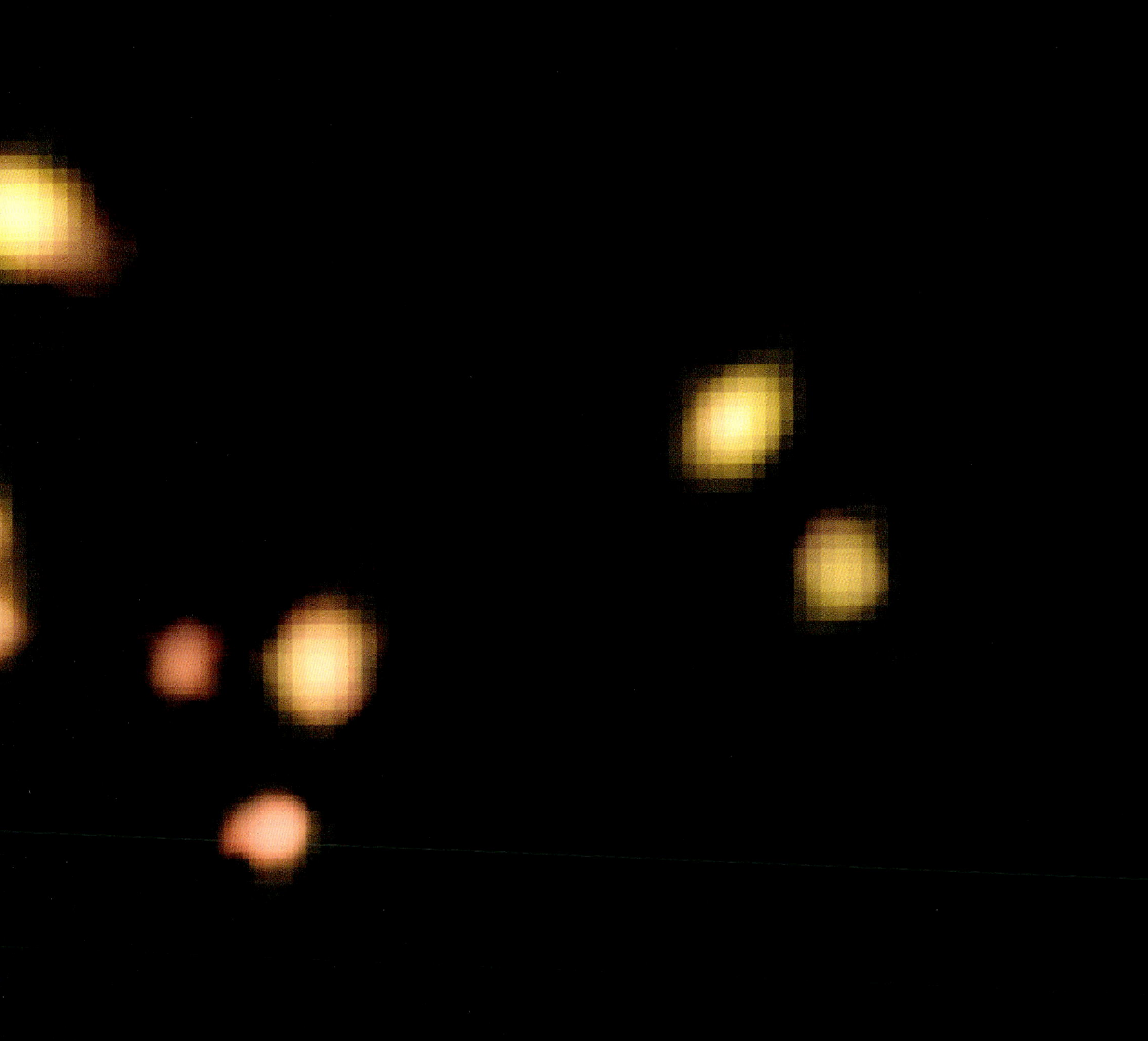

原星团 SPT 2349-56

该图揭示了由暗物质引力束缚的 14 个原始星系。它是由阿塔卡马大型毫米[/亚毫米]波阵(ALMA)拍摄的，该天文台在毫米和亚毫米波段观测宇宙。

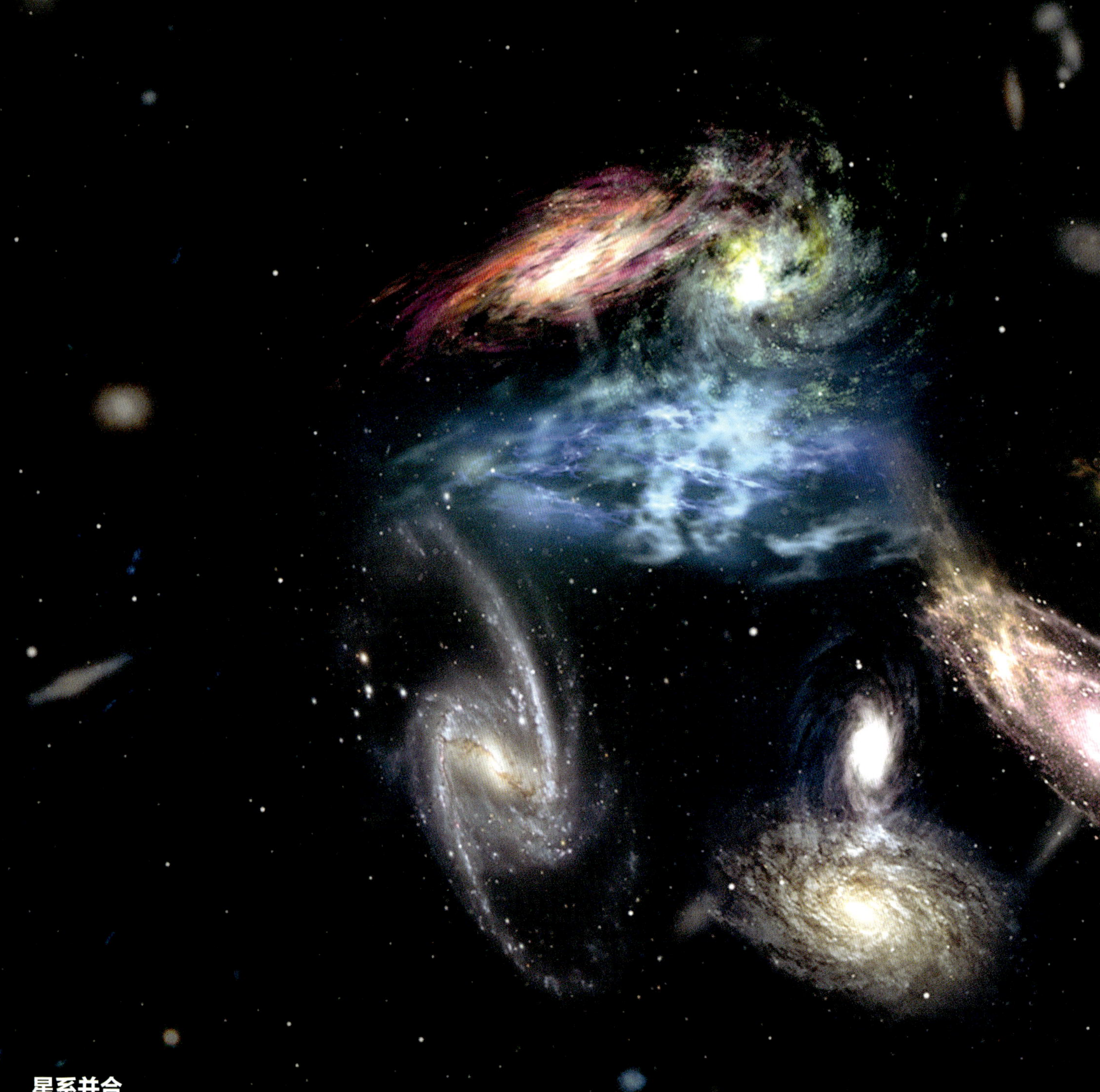

星系并合

这是星系并合的艺术再现，发生在宇宙只有当前年龄的 1/10 时，这个过程很可能会形成质量最大的星系团之一的核心。

早期宇宙中的并合

望远镜的观测揭示了年轻宇宙中的最大事件之一——星系并合，这些星系注定要演化成宇宙中的最大质量结构之一。

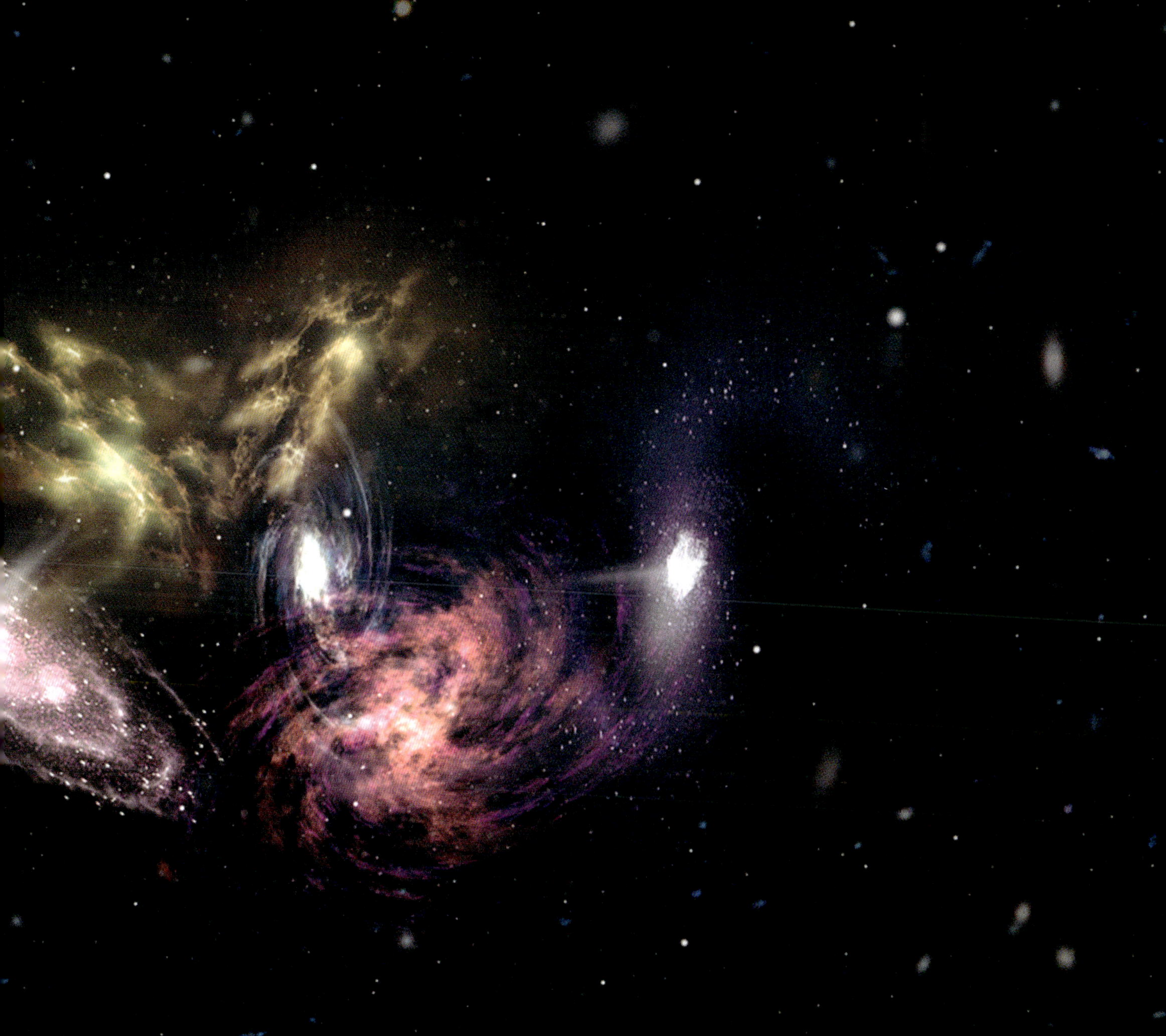

红外宇宙·目 录

红外光

红外行星

红外深空

红外观测

附　录

红外光

低温物体会发出大量的红外光，这有助于我们研究比较冷的恒星或遥远的行星等。红外光可以穿透气体和尘埃，让我们能够看见隐藏在稠密尘云之后的年轻恒星和星系核。

左图：在 NGC 2174 星云中，年轻恒星加热其周围气体

红外光谱

温度高于绝对零度（-273.15℃，即 0 K）的任何物体都会发出红外辐射，其波长大于可见光，无法被人眼感知。

电磁波谱依据辐射的波长对电磁波进行分类。具体来说，红外光的波长为 0.78 ~ 1 000 微米，是人眼不可见的。它的主要用途是使人们得以研究在传统望远镜中看不到的物体。传统的望远镜仅捕获可见光，即波长在约 0.4 ~ 0.7 微米的辐射。温度高于绝对零度的任何物体都会发出红外辐射，它占我们接收到的太阳辐射的一半，是生物体所辐射的能量中的大部分。

波的类型

根据辐射的波长，红外辐射可以分为三种类型*：近红外波长为 0.78 ~ 3.0 微米，具有最高的能量，因而波长最小；相反，远红外是由宇宙中最冷的物体发出的，其波长为 50 ~ 1 000 微米；中红外则介于两者之间。

---

*此处的临界值参考国际规范 ISO 20473。不同标准的近红外和中红外的临界值稍有不同。

紫外线

它的波长接近紫色光，是最热的恒星产生的高能辐射。

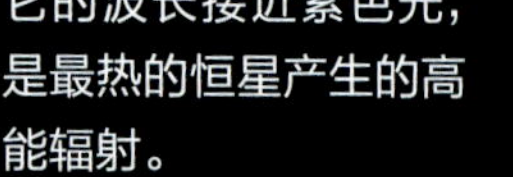

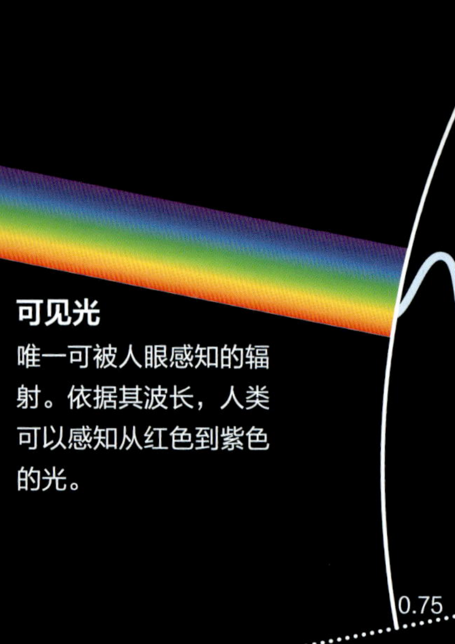

可见光

唯一可被人眼感知的辐射。依据其波长，人类可以感知从红色到紫色的光。

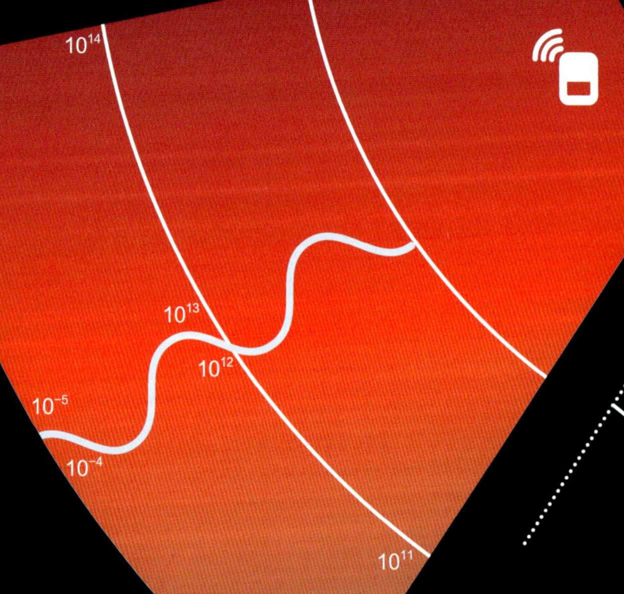

红外线

常与热量相关的辐射类型。在日常温度下，大多数物体的辐射最大值就在红外波段。

红外光谱

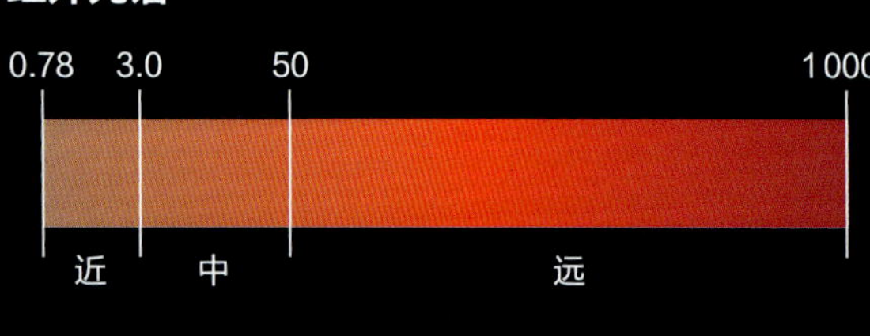

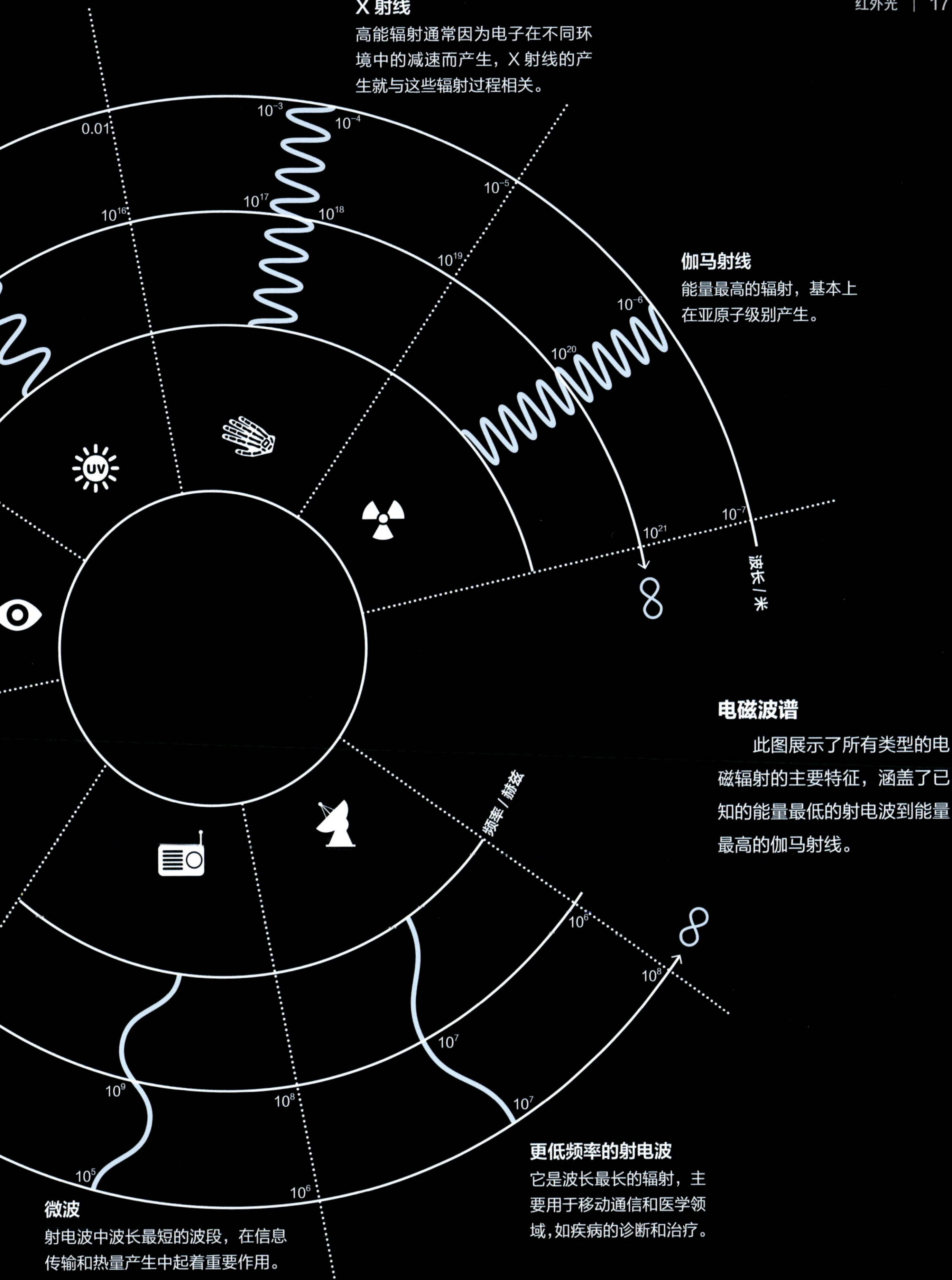

电磁波谱

此图展示了所有类型的电磁辐射的主要特征，涵盖了已知的能量最低的射电波到能量最高的伽马射线。

大气窗口

对遥远区域的红外观测会受到大气的阻碍，尤其是水蒸气会吸收大量的红外辐射。

大气是一个保护层，担当抵御某些类型电磁辐射的过滤器，它能够阻挡紫外线和伽马射线等。但是，大气对某些辐射（如射电波）不起阻挡作用，这些辐射可以穿透大气层，到达地球表面并被探测到。

红外辐射与大气

大部分红外线被大气吸收，红外中仅有的大气窗口存在于近红外波段，如下表所示。水蒸气会使波长较长的辐射衰减，这就是为什么能够探测红外线的地基望远镜位于高处——那里大气稀薄且干燥。

云之上

因此，观测红外宇宙的最佳方法是通过热气球、飞机或卫星在大气之上进行观测。在这方面，斯皮策空间望远镜（Spitzer Space Telescope）尤为杰出。它在超过 500 千米的高度环绕着地球运行，同时在红外线所属的神秘的波长范围内拍摄了令人惊奇的图像。

波长	谱带	大气透明度
1.1~1.4 μm	J	70%
1.5~1.8 μm	H	80%
2~2.4 μm	K	80%
3~4 μm	L	30~90%
4.6~5 μm	M	0~70%
7.5~14.5 μm	N	0~80%
17~25 μm	Q	不透明或几乎不透明
28~40 μm	Z	不透明或几乎不透明
330~370 μm		不透明

气则能阻止大多数红外能量通过。

大气过滤器

大气中的粒子会阻挡较高能量的辐射（紫外线、X射线和伽马射线），以及大部分红外线和低能量端的射电波。在红外区域，某些波长的辐射可以到达地球表面。

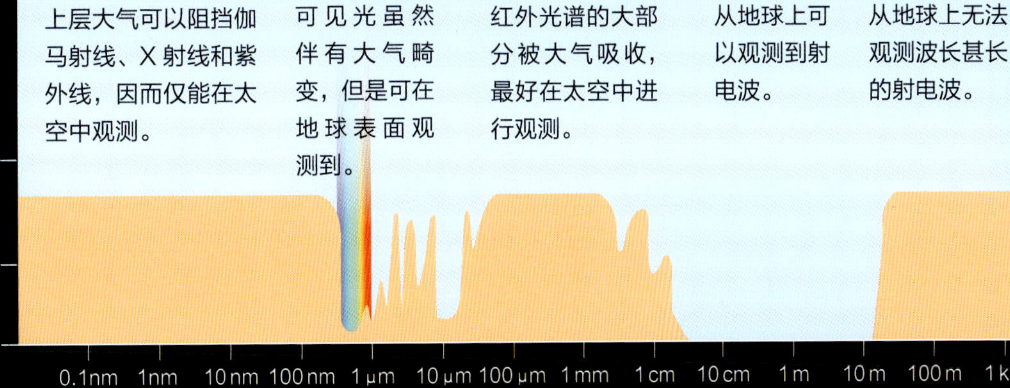

红外辐射

红外线在整个宇宙中大量存在。红外辐射与分子的振动紧密相关，而某些波长的红外线也可以在电子受到激发之后产生。

处于绝对零度时，构成物质的微粒完全不运动。在此温度之上，所有微粒都或多或少地振动，并且该振动产生了红外波段的辐射。辐射强度及比例取决于物体的温度。因此，如果能确定接收到的辐射的波长范围，则可以推断出辐射源的电子振动程度，并由此推断出物体被发现时的温度。

电子跃迁

电子受到激发从原子的一个轨道“跳”到另一个轨道（电子跃迁）是产生电磁辐射的另一种机制。该过程如果发生在轨道能量之差与红外光子能量相等的情况下，则将产生红外光。

黑体辐射

“黑体”是一种理想化物体，它吸收了所有接收到的辐射，不会反射任何光子。黑体仅因其粒子的运动而发射能量，因此这种辐射中的主要波长将取决于黑体温度。右图显示了不同温度下的黑体光谱随波长的变化：表面温度分别为15000K、5778K（太阳）、3000K（三颗恒星）、310K（人体）和2.7K（宇宙微波背景辐射）。

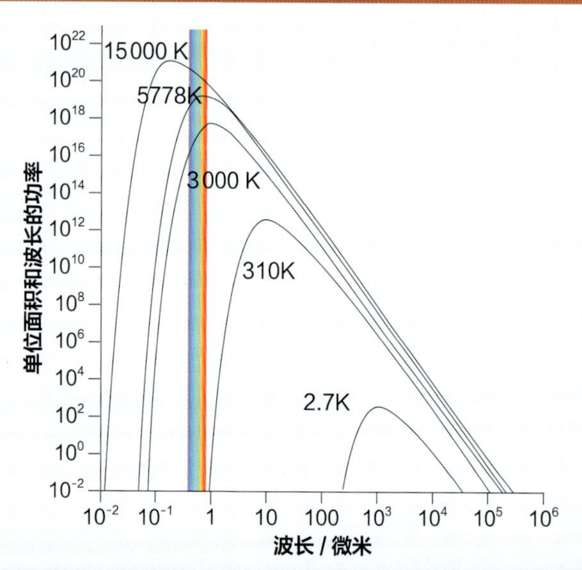

氢原子能级

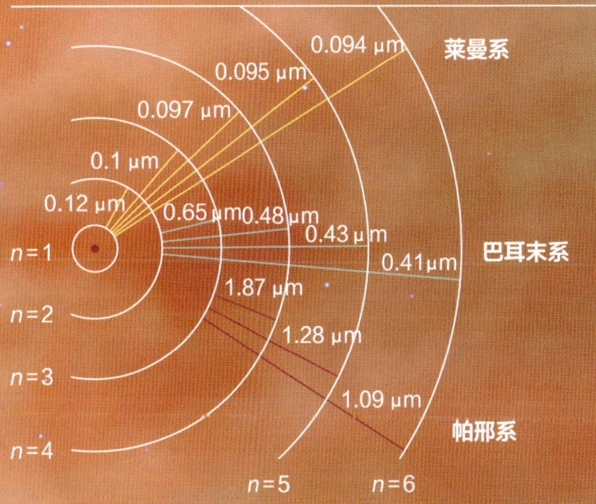

氢是宇宙中最简单而又最丰富的元素，是研究电子跃迁的最佳起点。该图表示氢原子和围绕其原子核运转的电子的能级（*n*）。当电子从高能态跃迁到低能态时会产生电磁辐射。在此跃迁中发出的光子能量对应于两个态之间的能级差。跃迁到第一能级的是所谓的莱曼系（Lyman series），在电磁波谱的紫外区域；跃迁到第二能级的是巴耳末系（Balmer series），释放可见光光子；跃迁到第三能级的则是帕邢系（Paschen series），在近红外区域。

热气体

发射星云（图为猎户座星云）中的氢被其中孕育的恒星的光激发，发出大量红外辐射。

我们身边的红外

1. 红外矿业

这张图像是 Terra 卫星（美国国家航空航天局的土地卫星）的先进的星载热发射和反射辐射计（ASTER）在飞越阿塔卡马沙漠上空时获得的，显示了矿山的环境。红外线可以区分岩石中不同的成分，以及采矿活动带来的一些变化。

2. 光污染

在索米国家极地轨道伙伴卫星（Suomi NPP）上，一个可探测绿色光到近红外线的摄像机拍下了该图，以很高的精度放大了与城市照明相对应的光信号。

3. 彩云

云中的水滴反射红外辐射，使其可以在地球轨道卫星上成像。在由 Suomi NPP 拍摄并后期着色的图像中，云的色调反映了它们的温度，这是天气预报的重要信息。

4. 猩红森林

这张由 Terra 卫星的 ASTER 传感器拍摄的照片覆盖了印度的大片区域。在该区域中，遍布在地表的红色引人注目，这对应于河道周围的森林和农田的红外辐射。

5. 明亮的熔岩

两座刚果火山——尼亚穆拉吉拉火山（Nyamuragira）和尼拉贡戈火山（Nyiragongo）的陷落火山口在短波红外中十分明亮，这使它们呈现出强烈的红色。尽管阴霾笼罩了整个区域，但陆地卫星（landsatellite）的红外探测器仍能获取这些数据。

6. 农业研究

此图为迈阿密沿海地区，由陆地卫星在红外波段下获得。植被由郊区人工林和一些针叶林组成，它们比周围地带反射红外光更强烈。

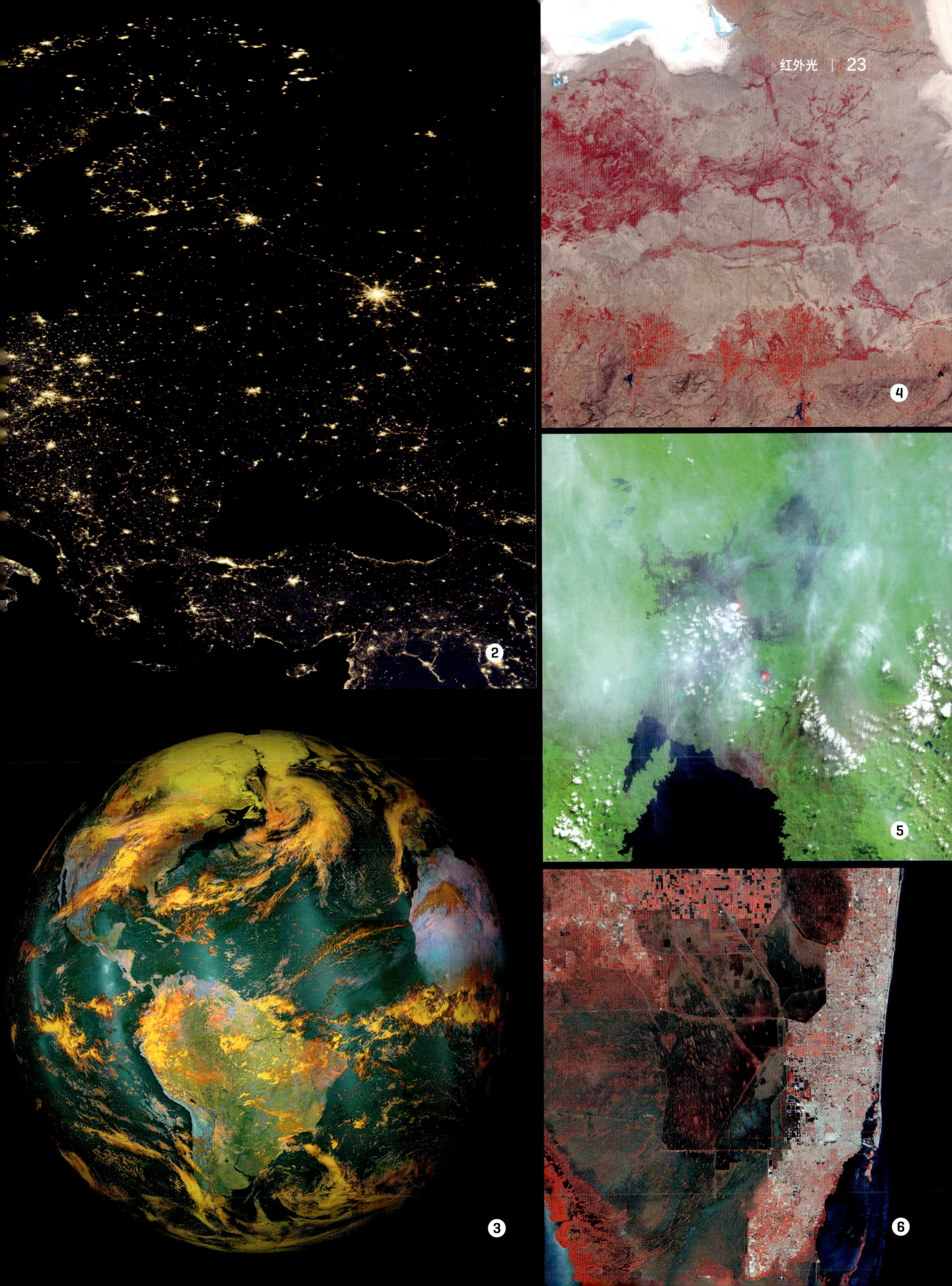
2
3
4
5
6

冷的银河系

红外天文卫星（IRAS）的红外探测器拍摄了银河系的银盘，它在远红外波段下十分明亮。在这张图片中，星际尘埃十分明显。此外，图片右下角显示了麦哲伦云。

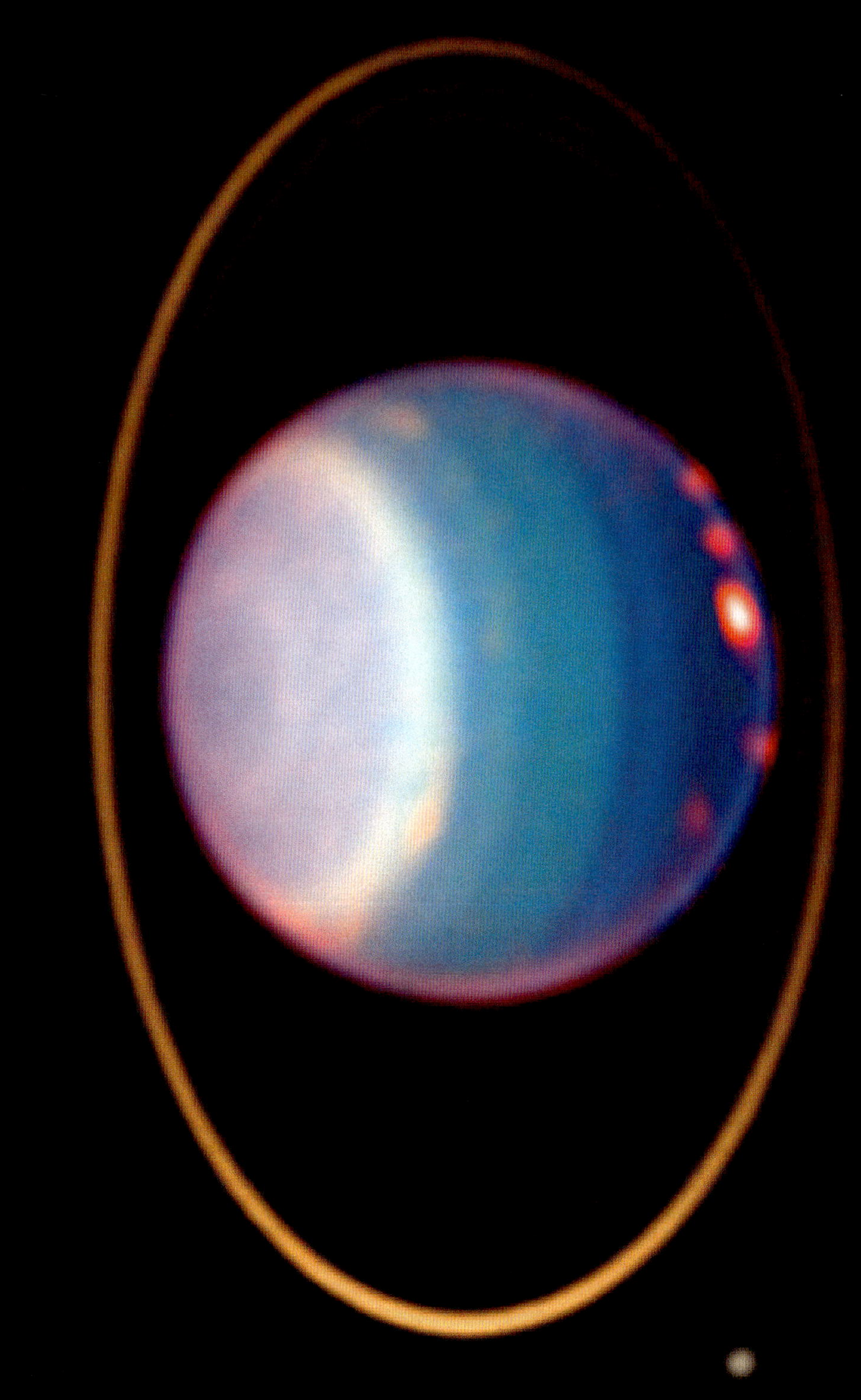

红外天文学是研究行星的可行方法。行星温度较低，故而这些天体在红外波段比较明亮，红外辐射为我们提供了有关其大气成分和表面温度的宝贵信息。

左图：天王星环及其表面云层的哈勃红外图像

行星的热辐射

行星的温度尽管很大程度上取决于其恒星，但也会受到其他因素影响，例如大气层、表面物质或行星内部能量的释放。

行星会发出大量的红外辐射，这些红外辐射可以从空间和地基天文台观测到，从而为通过其他波段观测获取的信息提供了补充。决定行星辐射的主要因素之一是行星从其恒星接收到的辐射能量，即“辐照度”。此能量的一部分会被行星大气反射，其余则被行星表面吸收，随后以红外辐射的形式返回外部空间。

反照率和大气

行星发出的光量还取决于反照率，即行星表面反射的辐射相对于入射辐射的百分比，这个物理量由行星表面的性质决定。大气层的存在也是最终决定行星表面温度的关键因素，因为它保留了行星发出的一部分辐射。

地球温度

这张是由美国国家航空航天局（NASA）的水卫星（Aqua satellite，Aqua 来自拉丁文“水”的单词，用于研究地面上的降水量、气化量和水循环过程）上的大气红外探测器于 2009 年拍摄的红外图像，显示了地球大气在海拔 3 000 米左右的平均温度。我们可以在图中看到赤道和两极之间显著的梯度，这主要是由太阳光照射到地球表面的角度造成的。

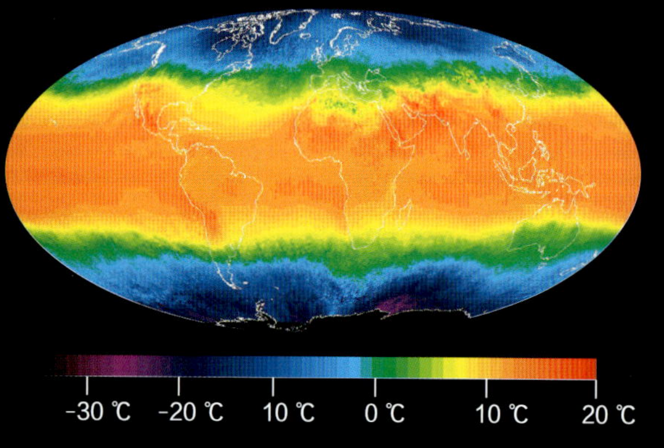

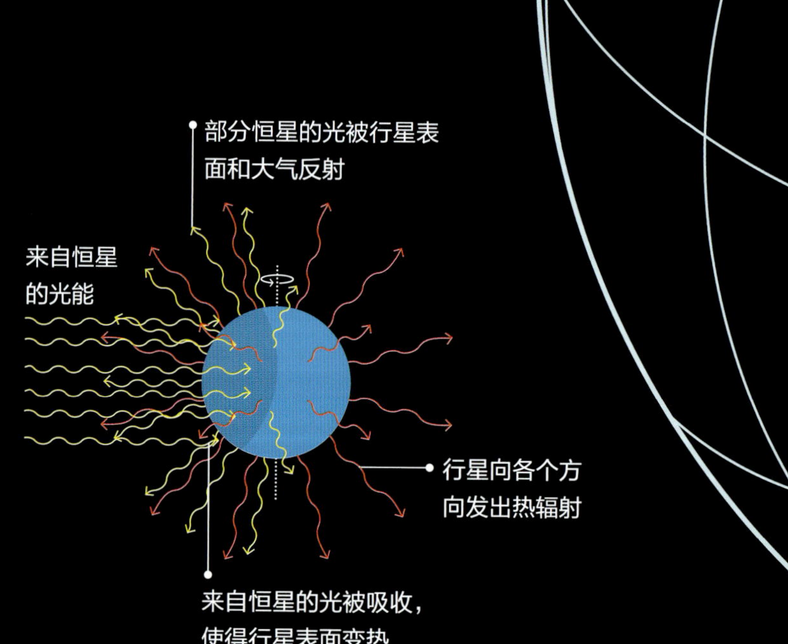

平衡温度

平衡温度是根据行星从其恒星接收的能量以及自身作为黑体发出的红外辐射所得出的行星理论温度，与实际温度的差异则与大气的存在或内部产生的热量等方面有关。

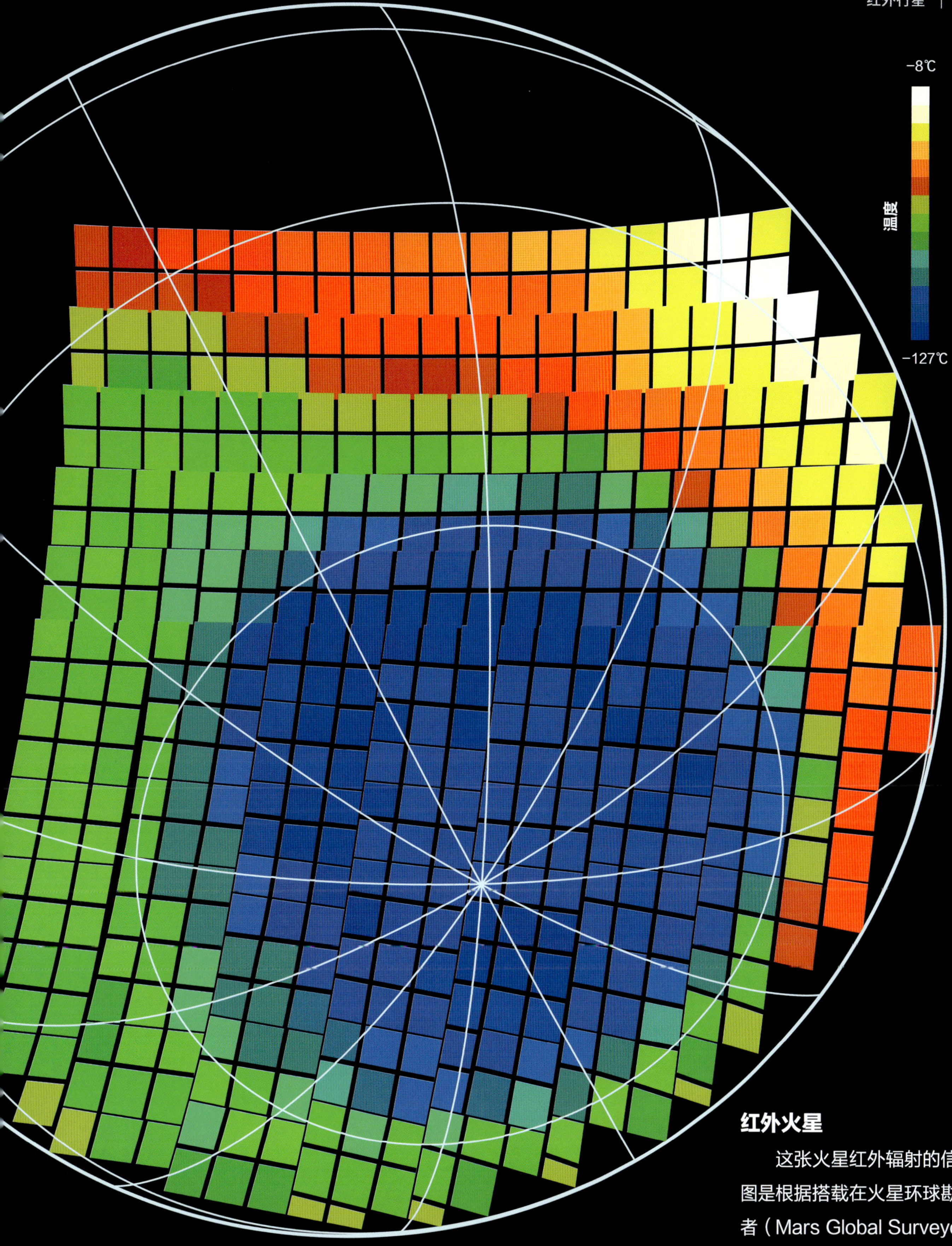

-8℃
温度
-127℃

红外火星

这张火星红外辐射的信息图是根据搭载在火星环球勘测者（Mars Global Surveyor）上的热辐射光谱仪（TES）在1997年获取的数据制作的。

金星的云

金星被浓密的大气覆盖，这阻碍了我们对金星进行更详细的研究。而能够探测红外辐射的空间探测器的发展则逐步揭示了金星的面貌：它是一颗经受强烈温室效应的炽热行星。

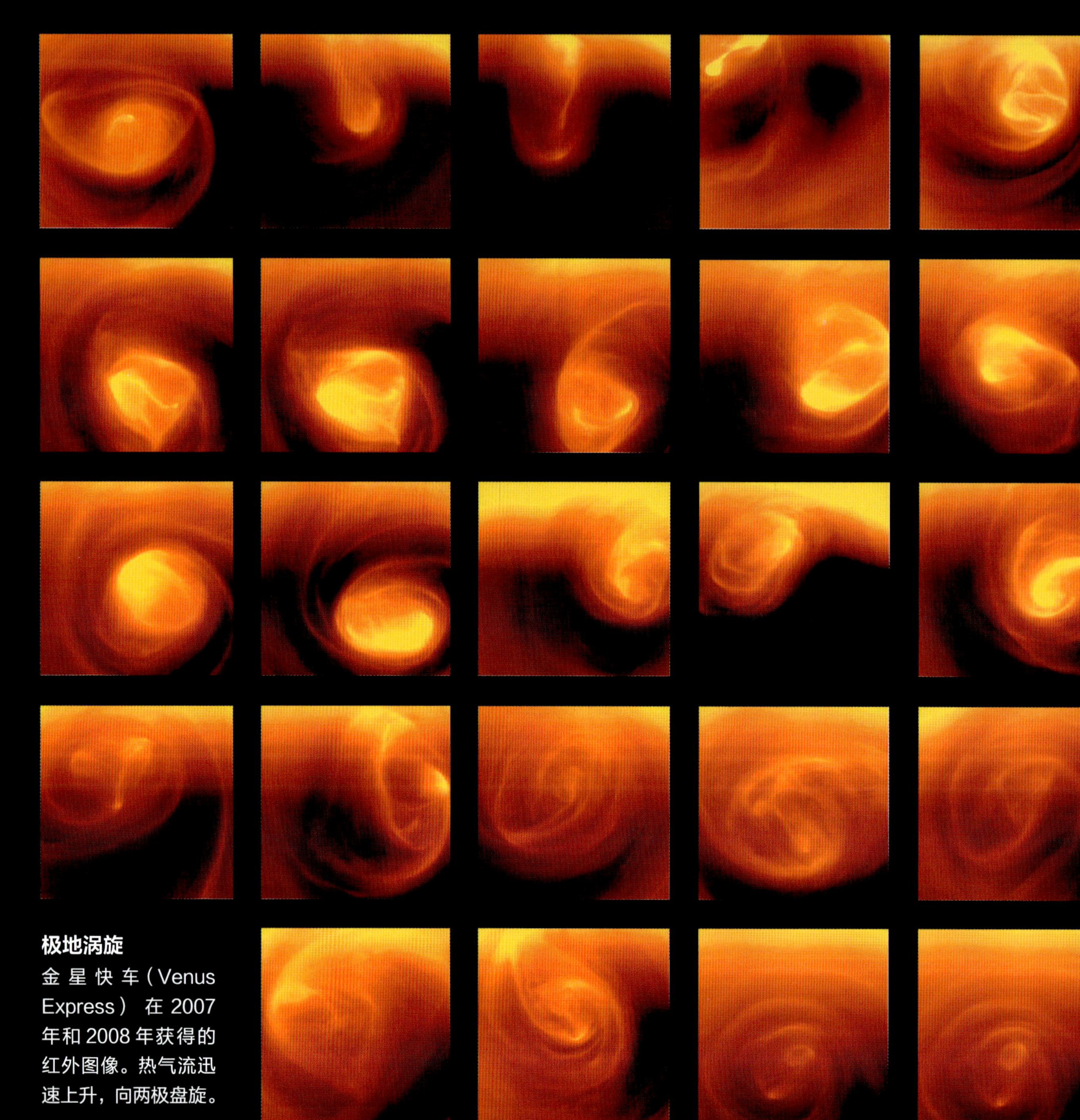

极地涡旋

金星快车（Venus Express）在 2007 年和 2008 年获得的红外图像。热气流迅速上升，向两极盘旋。

探测器（例如金星快车）配备能够探测红外线的摄像机对于了解金星的细节至关重要，因为在过去，金星多云的大气阻碍了人们对它的深度研究。得益于红外波段的观测，我们知道这颗最靠近地球的行星在太阳系中拥有最高密度的大气，这些大气主要由二氧化碳组成，因此金星受到非常强烈的温室效应影响。它的表面温度保持在 460℃左右，而且夜晚与白天一样热。

表面一瞥

金星的红外研究还使得绘制详细的热图像以及将云的某些特征与地形联系起来成为可能。例如，在位于金星赤道附近的高原——阿佛洛狄忒台地（Aphrodite Terra）探测到大量红外辐射，其原因为湿润的地表空气在遇到地面抬高时会上升。

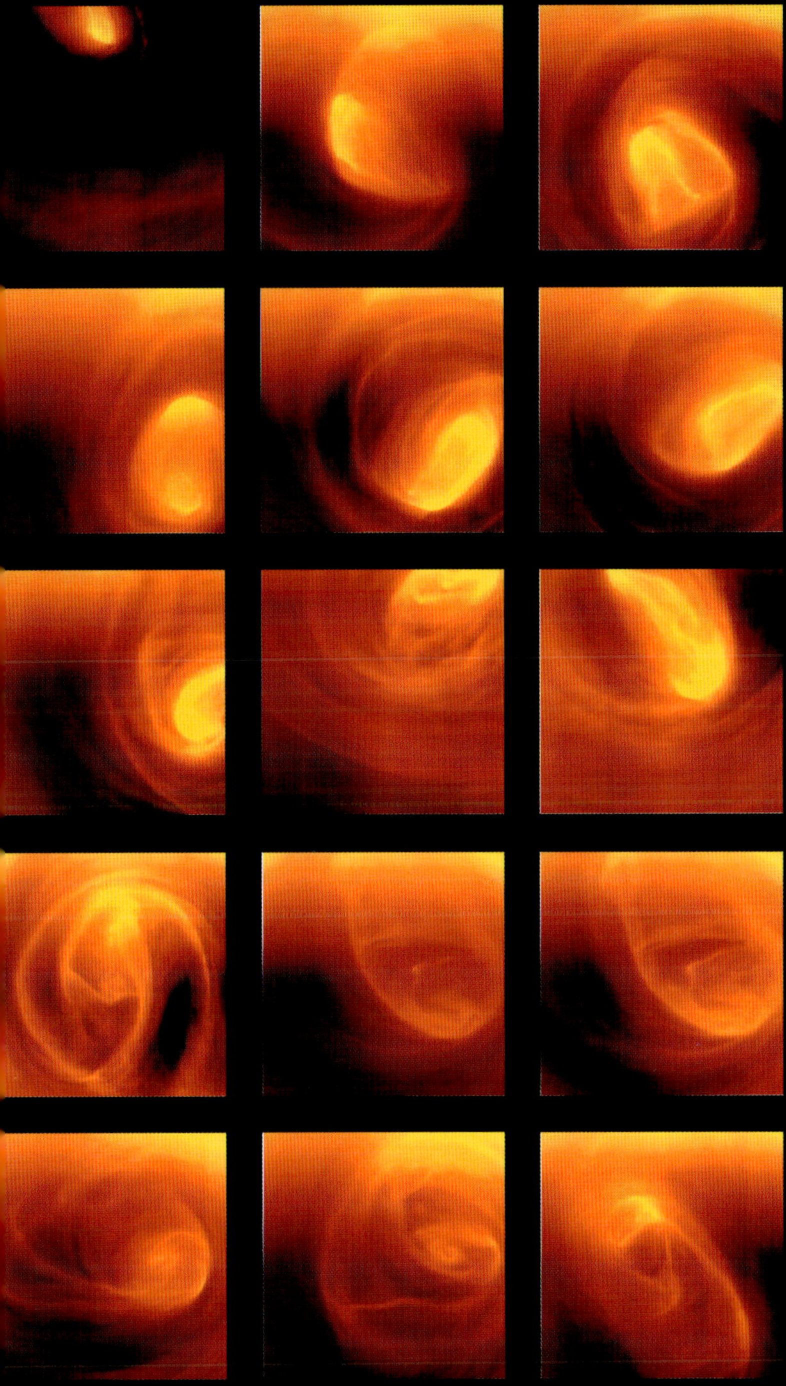

发光的氧

来自太阳的紫外辐射会在金星高层大气上摧毁一小部分二氧化碳（金星上富含二氧化碳），形成原子态的氧。当它落入更低层（中间层）时会形成氧分子并显著发光，在红外波段下显得明亮。这种现象可以使得其他化合物被探测到，如一氧化二氮。

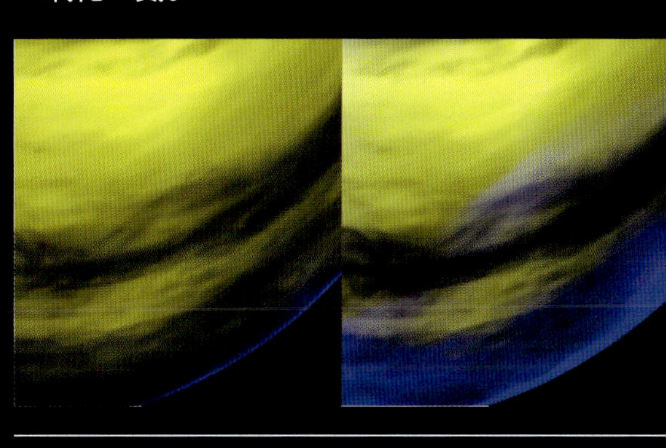

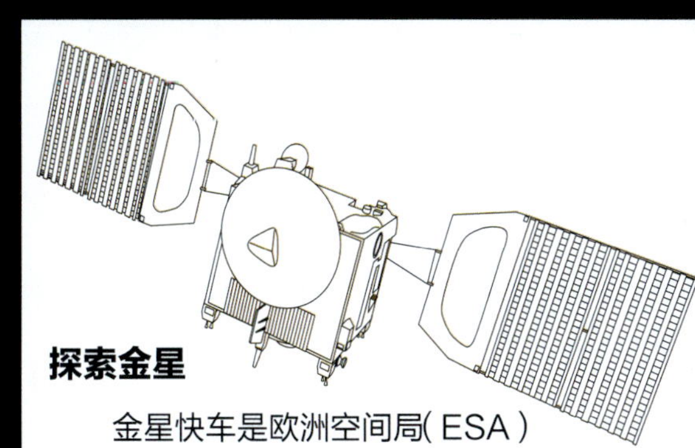

探索金星

金星快车是欧洲空间局（ESA）执行首次金星探索任务的探测器，于 2005 年 11 月 9 日发射升空。该探测器在红外波段和其他波段对金星大气进行全面研究。这项任务经数次延长，于 2014 年 12 月 16 日结束。

红外火星

对波段进行的红外研究，使我们可以更深入的了解火星表面的矿物种类分布以及不同物态水的存在。

热辐射成像系统（THEMIS）红外探测器是专门从事火星红外观测任务的主角之一。该仪器自 2001 年以来就搭载在 NASA 的火星奥德赛(Mars Odyssey)探测器上环绕火星运行，不仅制作了行星表面的热图像，而且还提供了有关矿物成分及其与地理事件的相关性的数据。它探测到了碳酸盐、氢氧化物、硫酸盐、水合硅酸盐、氧化物和磷酸盐等。

阿拉伯台地（Arabia Terra）的沙

最泛红的区域显示出岩石物质的存在。相反，沙质区域冷却速度更快，所以该区域表现为蓝色。

“露珠”

子午高原（Meridiani Planum）的大视场图像，其中岩石区域的红色与沙质区域的蓝色形成对比。

寻找水的踪迹

2011 年，NASA 的另一探测器——火星勘测轨道飞行器（Mars Reconnaissance Orbiter）探测到间歇性出现在山坡表面的水合矿物质，这种现象可能与假设的近地表盐水流有关。得益于对红外辐射的研究，在火星的春季和夏季期间，还可以探测到出现在火星北半球的水冰云。

火星上的春天

这张图片中的蓝色圆形区域是由火星奥德赛探测器于 2001 年获取的，它对应于火星的南极，其温度达到 −120℃。在下部区域出现的蓝色带显示了火星上夜晚的低温，与左上部达到 0℃左右的被阳光照射的地方形成明显对比。

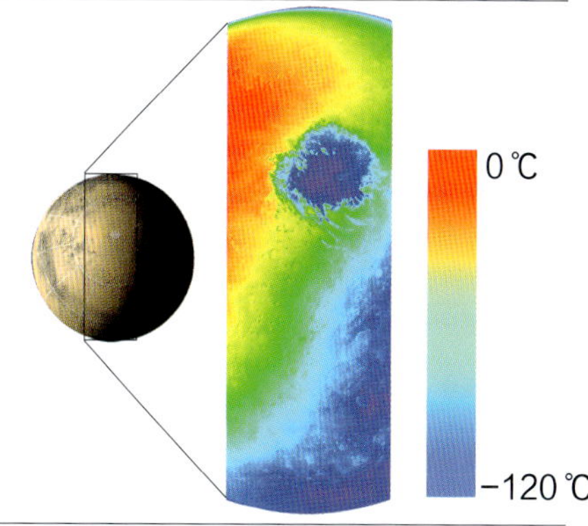

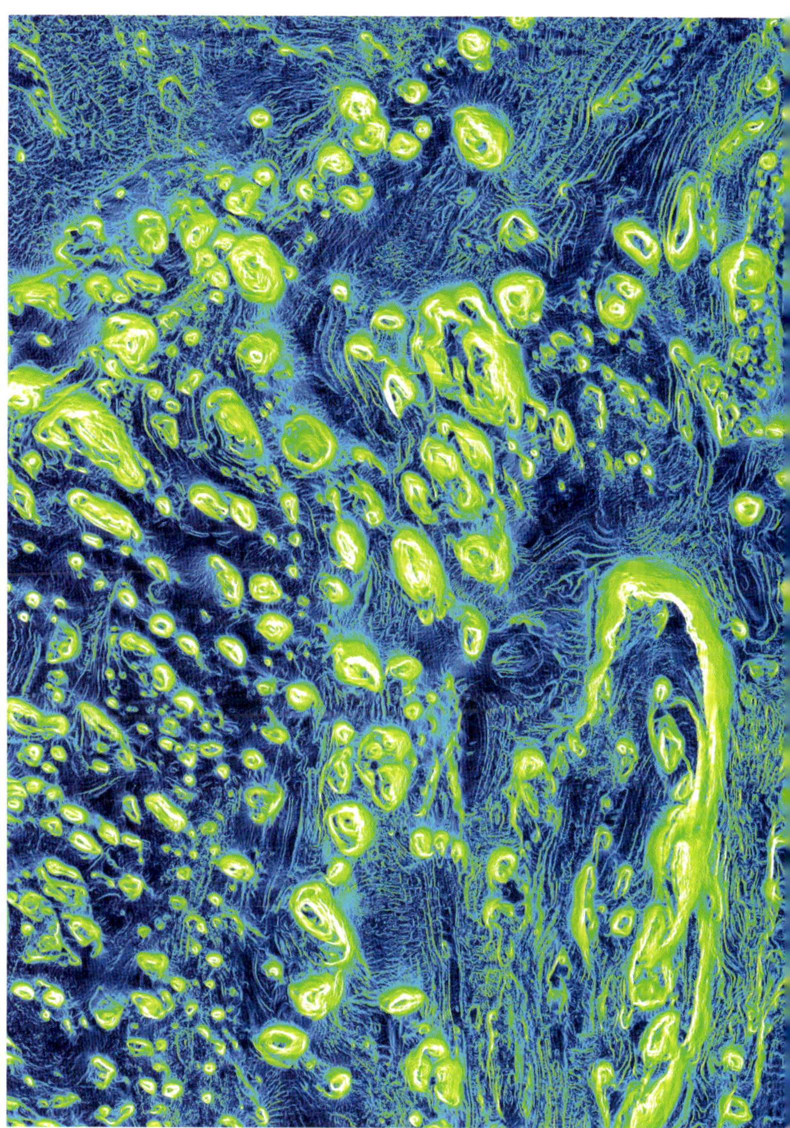

沟网

在水手号峡谷群（Valles Marineris）的一个受侵蚀地区——诺克提斯沟网（Noctis Labyrinthus），几个峡谷汇合在一起，形成了一个深 4 000 米的洼地（图中红色区域）。

干涸的河道

上图为卡塞峡谷群（Kasei Valles）的红外图像，这是火星上最大的河道系统之一，曾有液态水在其中流过。

木星风暴

对木星大气的红外观测为我们提供了有关其成分、温度和动力学的大量信息，其中氨和水的云团被风速超过 400 千米 / 时的风撞击。

木星是一个气态巨行星，被厚厚的云层覆盖，云层厚度超过 50 千米。对大气的红外研究有助于我们理解关于木星上云和风暴的复杂动力学。可见的云层由氨构成，以暗带和亮带交替排列。如此红外图像所示，其温度是可变的：暗带为下降气流，温度较高，而亮区则温度较低。颜色发白处可能是由于氨冰的存在。

大红斑（Great Red Spot）

这场风暴是整个太阳系中迄今所知的最大风暴，它位于木星的南半球。在最近一个世纪中，它的尺寸有所减小，但仍然超过了地球：其直径达到了约 16 350 千米。此外，红外测量表明，尽管大红斑位于其他云层之上，但其温度更高，这更可能是由来自内部区域的热传递所致。

红外波段下的撞击

木星在 2009 年受到了物体碰撞，改变了木星云层表面的面貌。上图为木星受到撞击后相隔一个月的红外图像，我们能够鉴别该行星下部区域斑的变化。

木星大气

此图显示了木星大气的表层元素，木星是以氢和氦为主的行星。从上至下由氨、硫化氢铵和水形成三个云层。最后一层对于行星动力学研究起着至关重要的作用，这可能由其更高的汽化热所致。在这些层下，气态氢随着压力的增加而被压缩。由旅行者 1 号（Voyager 1）拍摄后着色的图像中可见，大红斑出现在右侧。

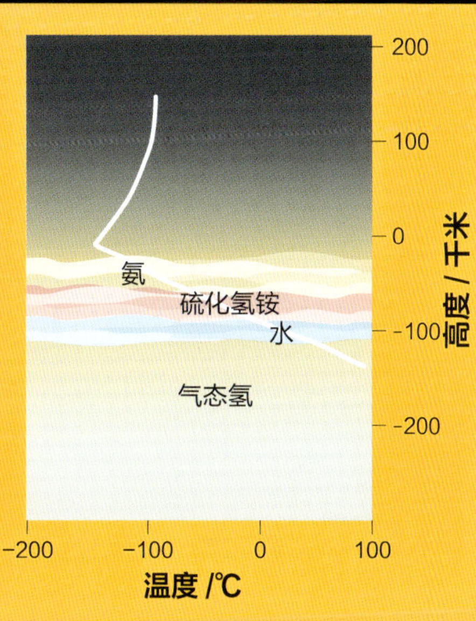

舒梅克－列维 9 号彗星的撞击

1994 年,舒梅克－列维 9 号彗星(Comet Shoemaker-Levy 9)与木星表面的碰撞是在地球上首次观测到的两个不同天体之间的碰撞。对它们的研究证实了数个假说，如木星大气的化学成分。

舒梅克－列维 9 号彗星的碎片于 1993 年在木星轨道上被发现，木星在数十年前就捕获了它们，并于 1992 年将它们撕碎。最终，这颗气态巨行星的引力抓住了这些碎片，它们于 1994 年猛烈地掉落在木星表面。这是首次从地球观测到的太阳系天体之间的碰撞。这 21 个碎片在木星云层上留下了痕迹，这些痕迹被多个仪器观测到。

红外观测的意义

红外图像对于了解每个碎片的撞击所引起的温度变化以及此过程中释放出的能量至关重要。此外，还可以观测到撞击后出现在表面的化学元素，特别是氨和含硫化合物，也探测到了来自彗核的铁、硅和镁。

飞向木星

舒梅克－列维 9 号彗星碎片的哈勃影像，摄于 1994 年 5 月，此时为它与气态巨行星相撞的两个月前。

木星的彗星轨道

20 世纪 60 年代，在木星的引力影响下，舒梅克－列维 9 号彗星以极高的偏心率环绕木星，从两者接近时处于小于 100 000 千米的危险距离，到两者远离时距离超过 4 500 万千米。在碰撞发生前两年，它们达到了最近的距离（40 000 千米），以至于木星的强大引力将其撕碎。于是，彗星（碎片）的轨道发生了变化，在接下来的几年中不可避免地走向了最后的碰撞。

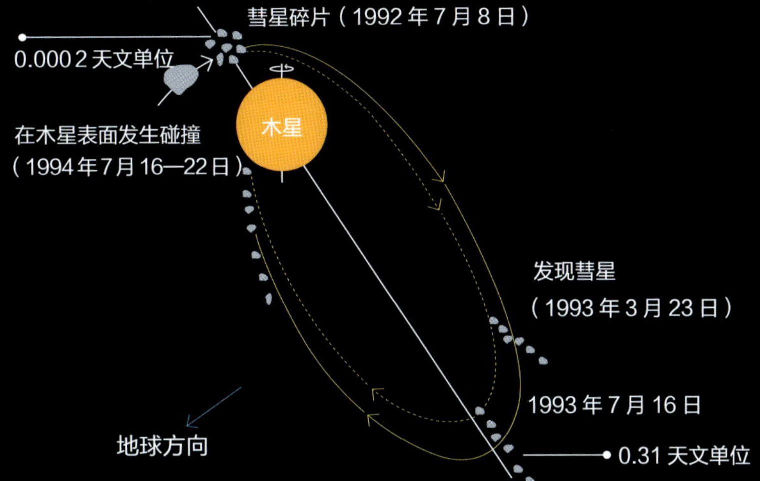

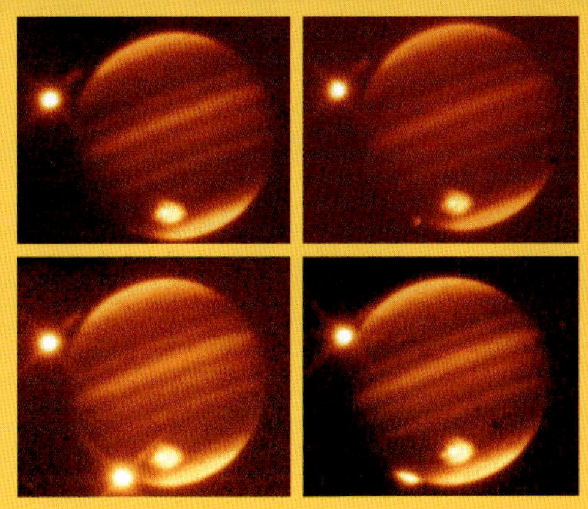

碰撞的历史

由西班牙的卡拉阿托天文台（Calar Alto Observatory）拍摄的这组图像收集了舒梅克－列维 9 号彗星的 H 号碎片碰撞的瞬间。各子图中左上角的稳定亮点为木卫三（Ganymede），而木星下部区域的亮点，来源于先前的 D 号和 G 号碎片碰撞时散发的热量。在右上方的图像中，可以观测到 H 号碎片与木星发生碰撞（红点处）；左下方图像为发生碰撞 7 分钟后达到最大亮度时；右下方图像则是发生碰撞 16 分钟后拍摄的。

红外土星环

红外观测揭示了土星周围的一个巨环的存在，它在之前一直未引起人们注意。它的存在有助于解释诸如土卫八（Iapetus）的颜色差异等问题。

土星周围有许多同心环，它们的成分和颗粒大小不同，可通过分析红外光谱来研究。2009 年有一项最引人注目的发现，即斯皮策空间望远镜观测天空，发现了一个巨环的存在，该环远在其余环之外，占据了一条距离土星 600 万至 1600 万千米的狭长地带。

土卫九（Phoebe）的影响

该环由温度约为 −190℃的细小尘埃组成。这是一个非常低的温度，但可以通过红外观测探知。巨环的起源似乎与土卫九密切相关，土卫九是这颗有环行星最远的卫星之一，而土卫九和巨环的旋转方向都与其余的卫星和环相反。

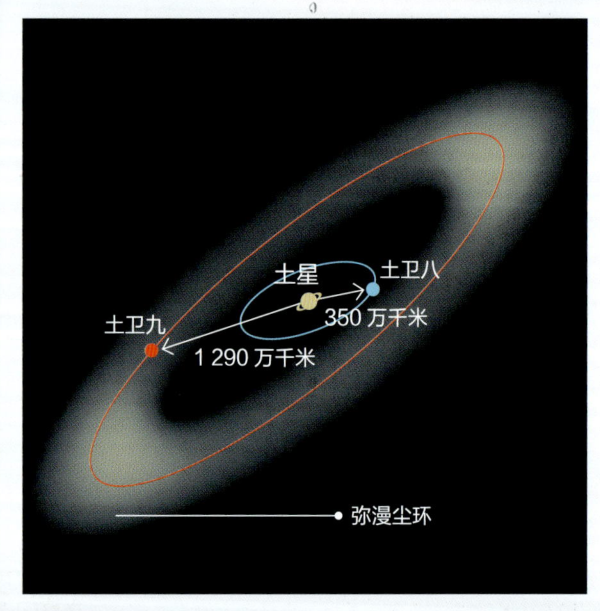

被“污染”的土卫八

土卫八是一个土星的外部卫星，它有一个半球比另一边更暗，这是它吸收了土卫九抛出的尘埃而形成的特征，而其机制尚不清楚。土卫九上碰撞产生的尘土和岩石形成了巨环。这些尘埃颗粒，由于其形状和入射的太阳辐射等因素，被带到更内部的轨道上，而其中的一部分则降落在土卫八上，使土卫八具有独特的颜色。

看不见的环

这是土星环的红外图像。如果我们能用肉眼从地球上观察它，它在天空中所占的面积相当于两个满月。

土星的颜色

与木星一样，土星也被云层覆盖，形成了不同色彩的明暗交错的条纹。它的主要成分似乎也是氨冰。在这张来自哈勃空间望远镜的红外图像中，赤道区域显得微黄，被浓雾覆盖，并有两处呈现为白色椭圆形的风暴。在极点处可以探测到较低的温度，由于强大行星磁场的存在，有时还会出现极光。

天王星、海王星和更遥远的地方

太阳系内，离太阳越远的地方温度越低。面对这么遥远的距离，红外探测器在分析气态巨行星和探测柯伊伯带天体（Kuiper belt object）时发挥了重要作用。

红外辐射提供了有关太阳系中遥远天体的宝贵信息。在比木星小的巨行星——天王星和海王星上，红外观测提供了有关其大气成分和横贯行星的风暴的大量数据。红外观测还帮助我们了解到，这些行星产生的热量是它们以热形式接收的能量的大约两倍，因此它们必须通过核过程产生其余的能量。

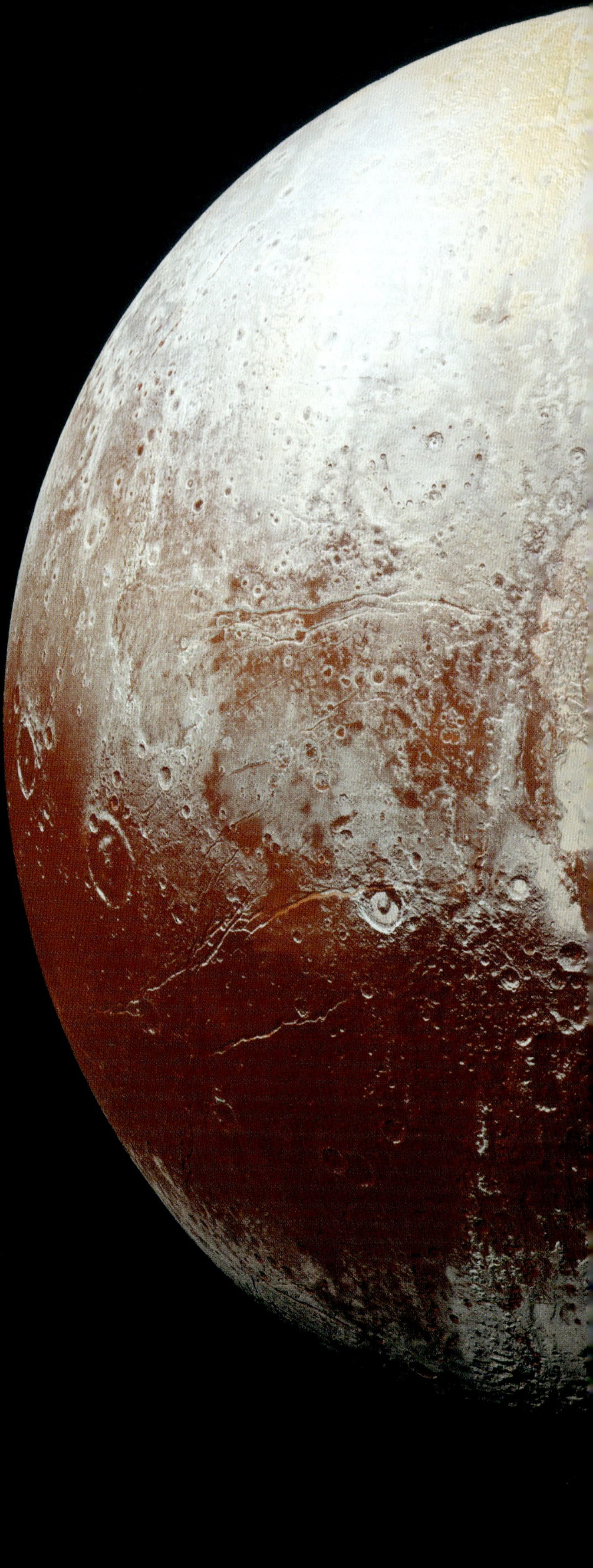

寒冷冥王星

新视野号（New Horizons）于 2015 年造访了冥王星，我们发现冥王星的历史比以前想象的更为复杂。它的表面不规则，并产生复杂的颜色差异。此外，它汇集了不同的元素，其中包括丰富的冻结的氮和一氧化碳，以及由冰水形成的大型山系。新视野号上的线性标准成像光谱阵列（LEISA）在近红外波段揭示了冥王星上大气的存在，其密度和厚度都远高于过往估计值。

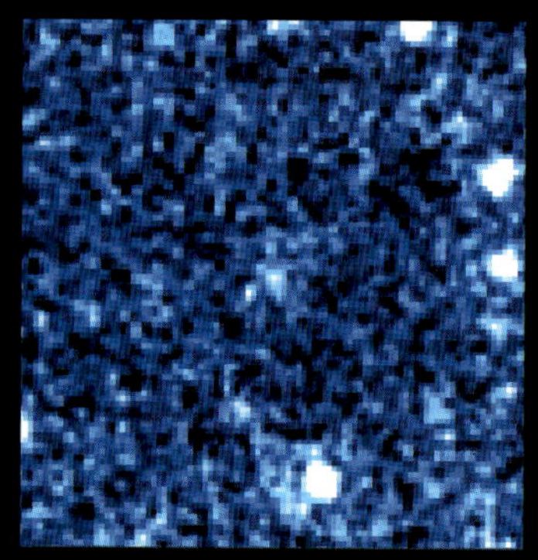

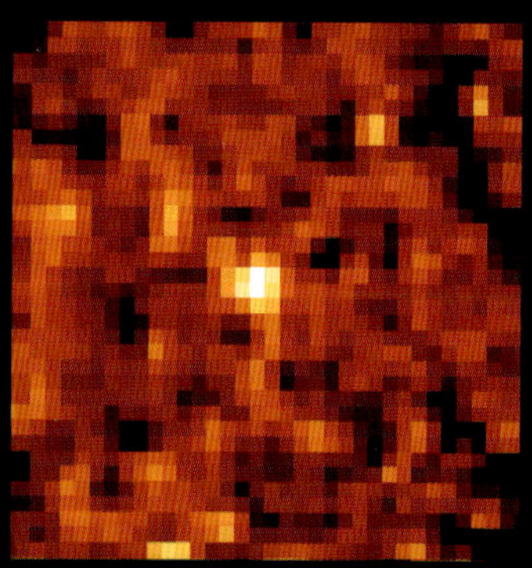

彗星居留地

这些来自斯皮策空间望远镜的红外图像显示了来自柯伊伯带的天体（图中的亮点），柯伊伯带是一个海王星轨道以外的太阳系区域。柯伊伯带由数亿个冰冻的天体组成，是许多短周期彗星的起源地。

风雨如磐的蓝色行星

海王星是太阳系中距离太阳最远的行星，这导致其温度达到 -200℃。但是，它具有内部热源，可产生风速高达 2 000 千米 / 时的巨大风暴。2017 年，在海王星大气上爆发了一场直径超过 9 000 千米的风暴，即由位于夏威夷的凯克天文台（W.M. Keck Observatory）拍摄的这张红外图像中左上方的圆斑。

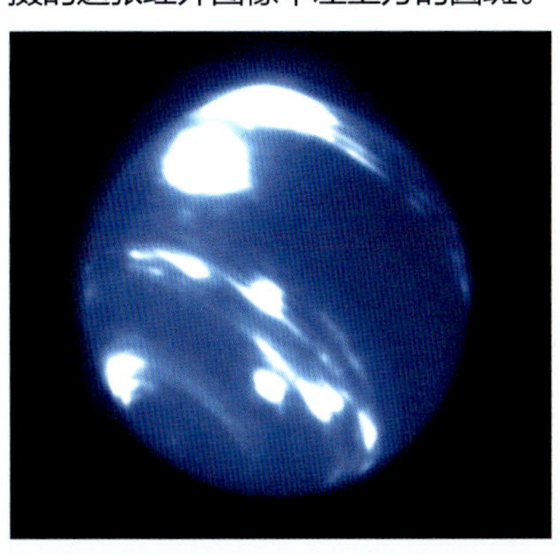

看不见的环

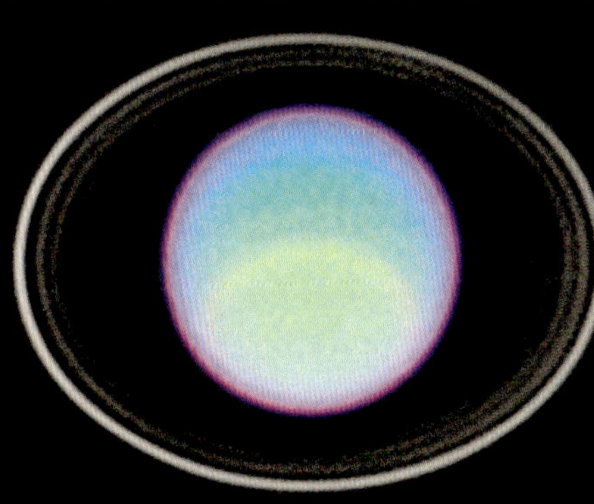

这张由哈勃空间望远镜拍摄的天王星大气表现为三层，天王星大气富含水和甲烷，并且存在红外波段可见、随季节变化的风暴。在红外波段，还可看到由 13 个同心环组成的系统，它主要由直径为几米的冰和岩石碎片组成。

红外冥王星

新视野号拍摄的这张图像使我们能够通过结合可见光和红外图像来区分冥王星表面的物质类型。

系外行星

在红外波段观测行星系统会降低恒星与系外行星之间的反差，从而使研究和揭示其大气特征变得更加容易。

探测太阳系外的行星最有效的方法之一是基于凌星进行观测。从观测者的角度看，在凌星过程中系外行星经过其恒星的前方，并在次食时隐藏于恒星后方。在这两种情形中，红外技术对于研究行星都非常有用，尤其是在第二种情况下：在红外波长下，恒星与其行星所发出的光之间的差异较小。

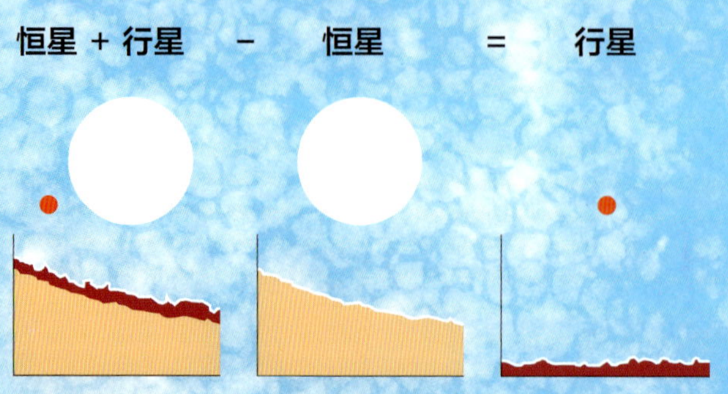

光谱之差

如果在次食前和次食中比对光谱，则可以推断出系外行星自身的光谱。

红外光谱

在凌星过程中，红外能够获取的信息也会增加，尤其是在运用光谱学的情况下。电磁波谱显示出与某些分子相关的线特征。在凌星和掩星过程中，系外行星大气的化学元素会改变其恒星的光谱，产生可被观测到的吸收线，由此便可以推断出构成行星大气的元素。

大气的印迹

WASP-39b 是一个距离地球约 700 光年的气态行星，在其凌星过程中的光谱已详细地揭示了其大气的成分。结果表明，除了拥有其他元素，它还具有高浓度的水蒸气（右图中间部分）。这些推断有助于理解行星形成等过程：过量的水似乎表明 WASP-39b 形成时远离其恒星，并在移动到目前的较近位置之前受到过大量冰的轰击。

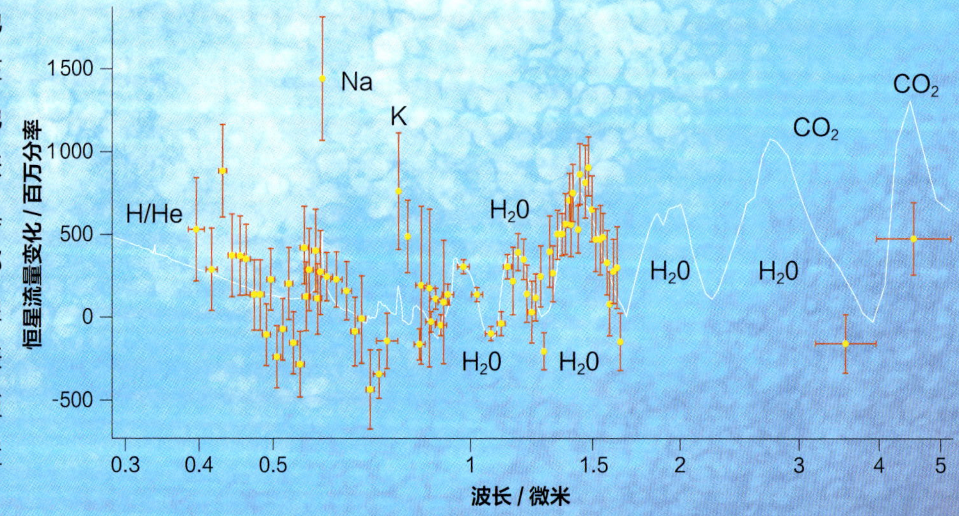

反差问题

在艺术想象图中，恒星的光芒使气态行星显得暗淡。在可见光中（上图），恒星的亮度使得对系外行星的研究变得困难；而在红外波段中（大图），此时较高的对比度使我们能更清晰地欣赏行星。

原行星盘

对年轻恒星进行红外研究是观测围绕它们的原行星盘的极佳方法。原行星盘是星周尘埃组成的环，行星和其他较小的天体将在这里形成。

原行星盘是围绕年轻恒星形成的结构，由来自恒星诞生处的分子云中的气体和尘埃组成。尽管部分物质被恒星吸引且能促使恒星生长，但其余物质仍保留在盘中，孕育了恒星系统中的行星、小行星和其他天体。

红外盘

原行星盘的直径达到数百天文单位（AU），但构成它们的微粒尺寸通常小于 1 毫米。这些物质的温度非常低，所以它们的辐射大部分落在红外范围。因此，有能力观测红外的仪器设法对这些盘进行了详细研究，并探测了原行星在绕其恒星运行时所留下的痕迹。

北落师门中的盘

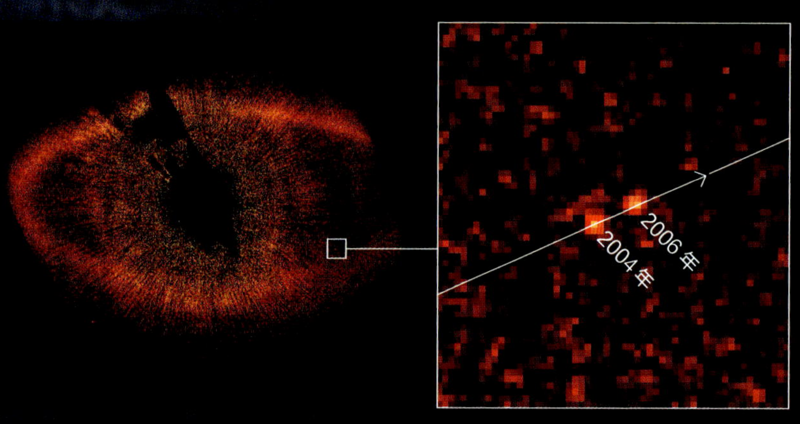

一颗距离我们约 25 光年的恒星——北落师门，其周围的原行星盘存在的首要线索在于其超量的红外辐射。2008 年，天文学家宣布观测到此盘内的行星：北落师门 b*。事实上，哈勃空间望远镜已在 2004 年和 2006 年拍摄到了它，于是北落师门 b 成为首个在可见光波段直接被探测到的系外行星。随后的观测显示了它在不同年份的相对运动，并于 2012 年确认了它的存在。该行星与北落师门的原行星盘共同促进了人们对恒星系统的研究。

* 北落师门 b 目前被认为不存在，它并不是一颗行星，当时所认为的“行星辐射”是两团气体碰撞所产生的辐射，而非行星反射所产生的。

寻找环

观测原行星盘会遇到一个严重障碍：主恒星的亮度足以使其周围区域黯然失色。因此，许多仪器都使用了星冕仪这种望远镜遮罩来遮挡中心恒星的光，以使其原行星盘得以分辨。

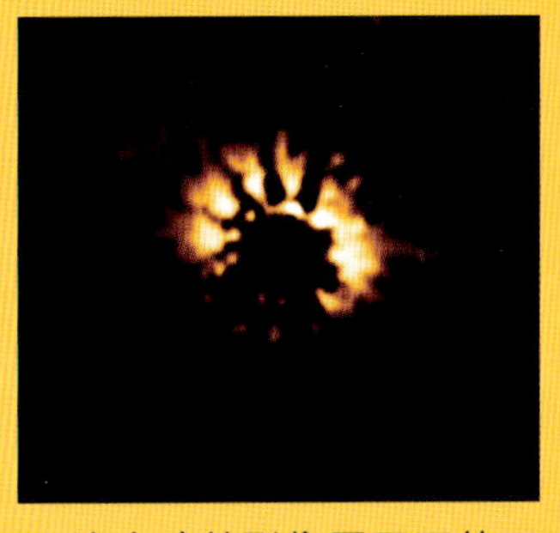

1. 这个哈勃影像展示了从正向看到的恒星 HD 191089 的原行星盘，这是寻找系外行星的最佳方向。

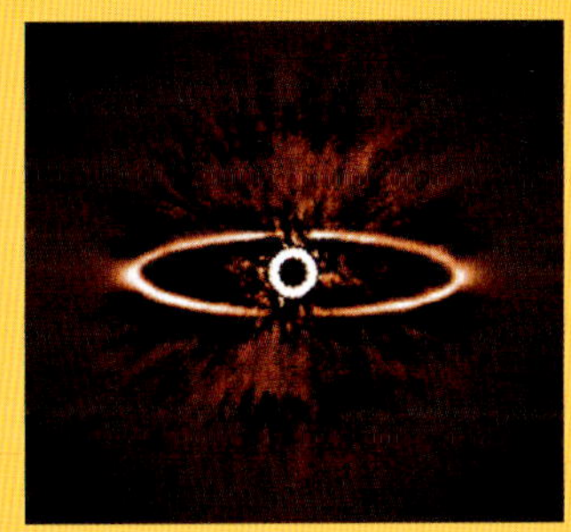

2. 甚大望远镜拍摄到了恒星 HR 4796A 周围的尘环，恒星被星冕仪充分掩盖。

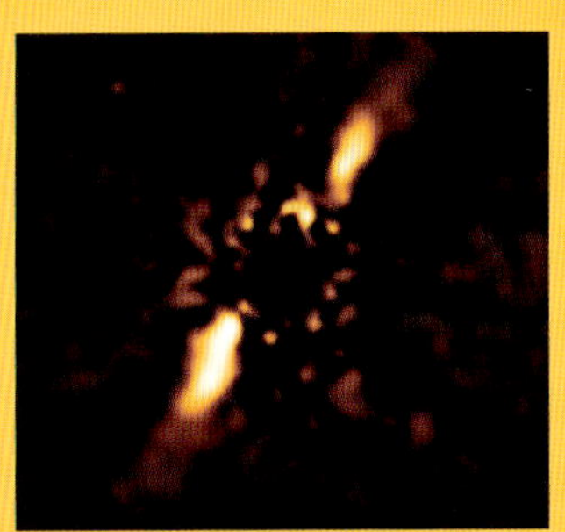

3. 哈勃空间望远镜拍摄的 HD 141943 的侧视图，这是一颗年轻的与太阳质量相当的恒星，带有清晰的原行星盘。

一颗恒星的诞生

插图展现了一颗被原行星盘围绕的年轻恒星，盘中物质受恒星加热后会发出大量的红外辐射。

红外深空

宇宙会在任何尺度下发出红外光，而不仅是在太阳系附近。在红外波长下扫描宇宙，银河系中会显现出大量的气体和尘埃，对于那些观测极限处的遥远星系，亦是如此。

左图：近红外的哈勃极深场

恒星摇篮

巨大的气体云中很可能有恒星形成，这些年轻恒星温度逐渐升高，并且加热周围的气体。此过程会有大量的红外辐射发出。

恒星的形成基本上发生在旋涡星系旋臂的巨大分子云中。氢至少占这些气体质量的 75%，为气体的主要成分，氦则是第二常见的元素。

红外探查

恒星形成于非常冷（温度在 −260℃左右）的云中，即所谓的“稠密云核”。一旦云发生引力坍塌和原恒星诞生，原恒星亮度就会逐渐增加。尽管它们的亮度很高，但恒星胎仍隐藏在气体云和尘云中。光学望远镜止步于此，但在红外波段对这些云进行观测会揭示年轻恒星加热气体原子时气体释放的能量。因此，红外使我们可以更好地了解分子云内部发生的扑朔迷离的恒星形成过程。

气体的红外辐射

处于初始阶段的恒星，将它们周围的气体和尘埃加热到 −170℃ ~ −200℃，高于冷分子云的温度。在这种热交换过程中，原子在红外光谱范围内释放了大部分能量，直至恒星辐射消解气体包层，恒星自身发出的可见光才可以被探测到。

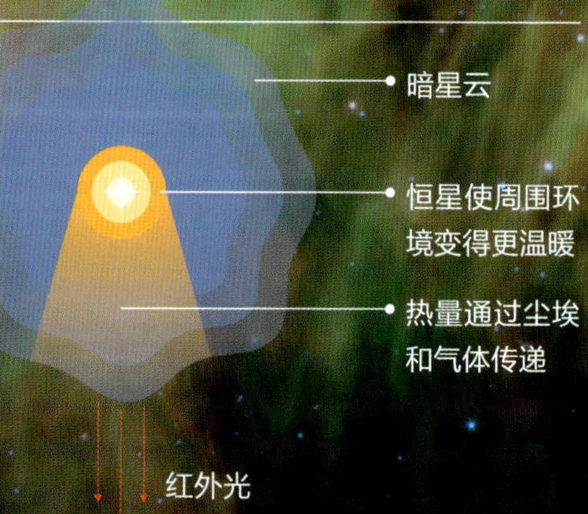

揭示不可见

处于早期阶段的年轻恒星发出的光芒无法穿透气体包层，因此在可见光波段（上图），暗星云L1014似乎不会发出任何辐射。但是通过红外观测（下图）可以发现其中的分子云核，从而可以完全清晰地研究恒星的形成过程。

猎户座中的年轻恒星

猎户座星云（M42）的红外照片显示了许多处于生命早期的恒星，若无红外观测，这些恒星将隐藏在稠密的气体物质之后。

北美星云的红外图像

斯皮策空间望远镜的红外观测显示了北美星云（NGC 7000）中的庞大气团以及隐藏在气体后的年轻恒星。

宇宙尘埃

宇宙中充满了尘埃。它们是一类由重元素小颗粒组成的物质，这些颗粒使可见光变得暗淡模糊，但允许红外线穿过。

由直径范围从与几个分子相当到十分之一微米的粒子组成的宇宙尘埃遍布整个宇宙。它不仅存在于土星环之间，还存在于恒星诞生处的巨大分子云中，也存在于地球上——每年约有 40 000 吨宇宙尘埃抵达地球表面。尘埃成分丰富多样，其中富含碳、铁和硅的尘埃颗粒很多，由此可知它们形成于老年恒星的内部。

看得更远

红外光能够穿越宇宙尘埃而不会变得过于昏暗，因而红外探测器能够观测隐藏在气体包层中的年轻恒星以及位于尘埃浓度极高的星系中心的天体。

光的散射

比起红光，宇宙尘埃更容易散射蓝光。因此，尘埃越多，尘埃之后的物体显得越红。这是因为长波长的光（红光）直线穿过尘埃，而短波长的光（蓝光）则沿各个方向散射。事实上，来自同一物体的红外线与可见光之间的差异使我们能够知道在视线方向上的宇宙尘埃的占比。

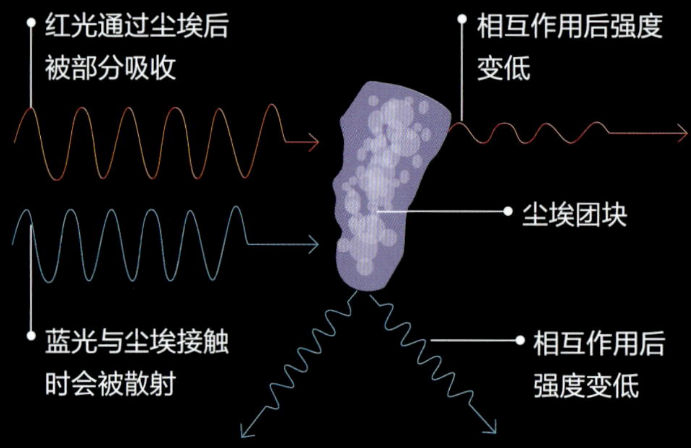

可见光

红外线

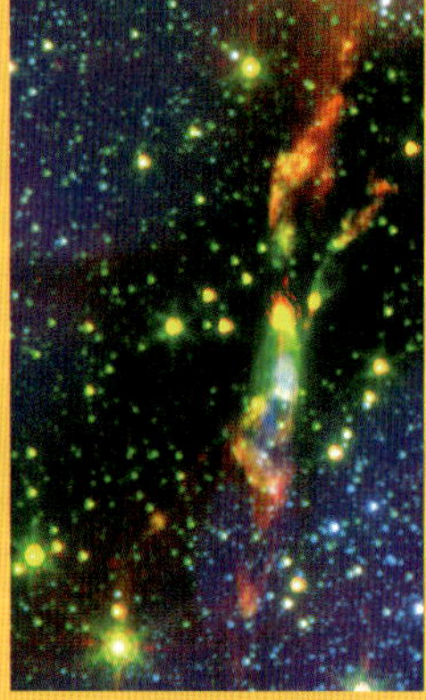
可见光加红外线

隐秘的恒星形成

在光学望远镜中，气体云和尘云遮挡了恒星形成的图景，譬如距太阳系约 600 光年的暗星云 BHR 71 中的恒星形成。气体和尘云使得原恒星的喷流无法被看到（左图）。得益于红外技术的发展，在红外波段它可以被完美观测到（中图）。最右的图像结合了这两个波段。

穿过宇宙尘埃

博克球状体（Bok globule）巴纳德 68（Barnard 68）在红外线（大图）和可见光（上图）中的对比。在红外线中，可以发现内部正在形成的恒星的辐射，而气体对于可见光是完全不透明的。

红外星云

1. 神秘山

哈勃的红外观测表明，距太阳系约 7 500 光年，在船底星云中形成的年轻恒星存在于柱状的尘埃和氢中，这种柱状物被称为“神秘山”。

2. 螺旋星云

螺旋星云（NGC 7293）是位于宝瓶座的行星状星云，距地球 700 光年左右。它中心的恒星产生的紫外辐射加热了外层气体，在这张斯皮策图像中，这些气体在红外波段下十分明亮。

3. 玫瑰星云

该图像由赫歇尔望远镜分别在不同波长下获得，其中以红色调凸显了此大型气团的冷区域，该区域位于距离地球约 5 200 光年处，并且在红外波段中很亮。蓝色区域在紫外波段获得，代表了热的气体区域。

4. 三叶星云

三叶星云（M20）的照片通常会被暗带分割。三叶星云距离地球大约 5 200 光年，在斯皮策图像中显得十分明亮且星光熠熠，这是由于红外辐射不会像其他波长的电磁波那样衰减。

5. 马头星云

猎户座中的马头星云（巴纳德 33）距离地球约 1 500 光年，得益于哈勃空间望远镜，在红外波段下可以看到其中气体无与伦比的细节。在这里，一些新生的恒星正发出光芒。

6. 创生之柱

在距离地球 7 000 光年处，哈勃空间望远镜拍摄的这些气体构成了最负盛名的恒星形成区之一——创生之柱。然而，通过红外波段发现的位于气体内部的恒星最终会导致气体消散。

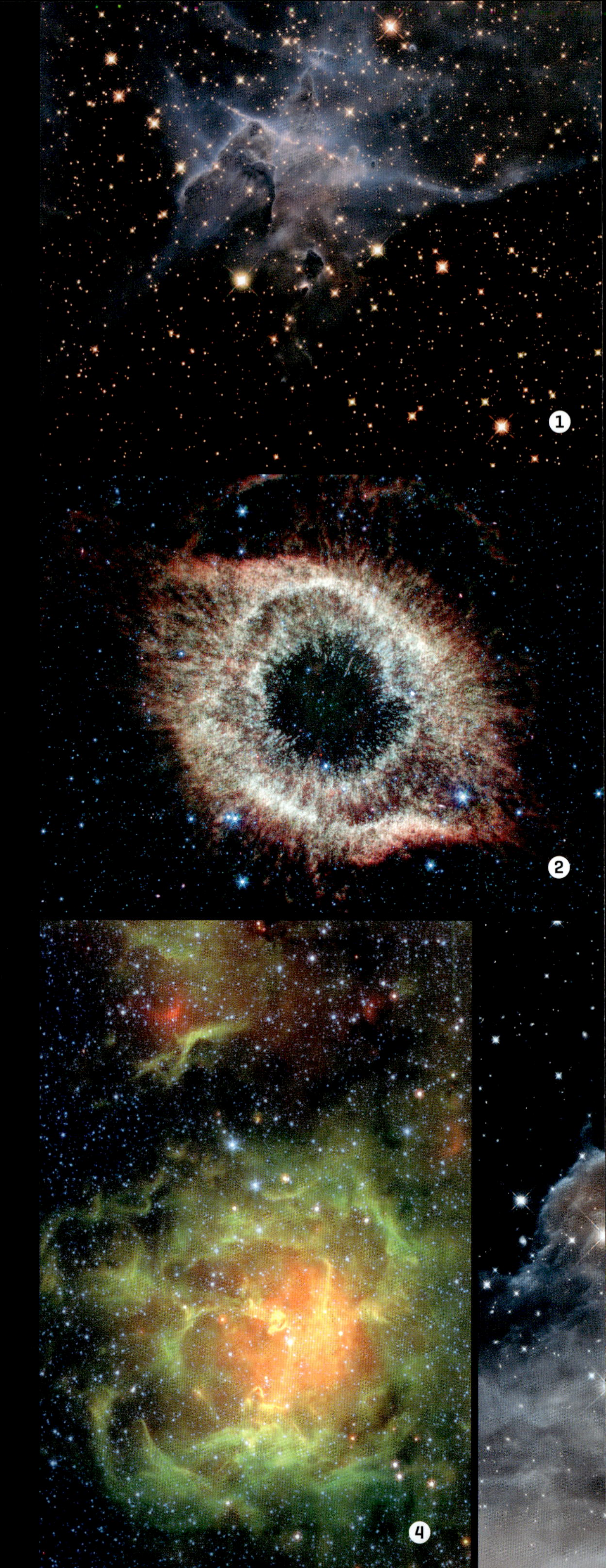

3
5
6

冷恒星

宇宙中最冷的恒星——红矮星的大部分辐射都是以红外辐射发出，因而红外波段的观测对于红矮星的研究来说十分重要。

所有物体都在电磁波谱的很大范围内辐射能量，而不同物体在各个波长的能量则各不相同。高温的蓝色恒星辐射大量的紫外光。温度更低的恒星辐射的能量则主要在红外波段。

又小又冷

对于表面温度在 3 000 K ~ 5 000 K 的物体，近红外能量的辐射达到最大值：红矮星的表面温度位于该范围中，且通常低于 4 000 K。它们的质量小于太阳，通常是 0.075 ~ 0.5 倍太阳质量。尽管红矮星的低亮度使得它们难以用传统方法观测到，但它们是星系中最丰富的恒星，具有独特的红色调。因此，红外探测是研究红矮星的有效方法。

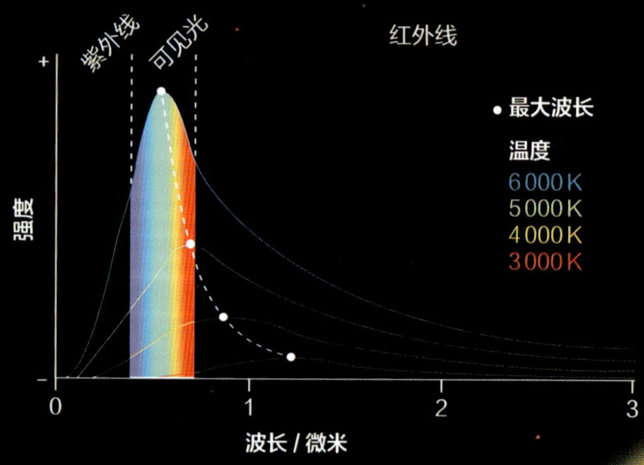

“冷”的颜色

此图根据物体的表面温度对比它们的电磁辐射。温度低于 4 000 K（黄线和红线）的物体的辐射峰值对应红外波长。

光谱型	亮度（以太阳为1）	温度
G2V（太阳）	1	5778K
M0V	0.072	3800K
M1V	0.035	3600K
M2V	0.023	3400K
M3V	0.015	3250K
M4V	0.0055	3100K
M5V	0.0022	2800K
M6V	0.0009	2600K
M7V	0.0005	2500K
M8V	0.0003	2400K
M9V	0.0002	2300K

特别的图像

这些图像是由哈勃空间望远镜在红外波段获得的。最靠近太阳的恒星——比邻星（Proxima Centauri）在红外波段释放出其能量的85%以上（上图）。CHXR 73（下图）是一颗红矮星，距地球约500光年，并且最近发现有一颗褐矮星围绕着它旋转。在图中，褐矮星表现为右侧的一个小亮点。

黎明的红

此图为系外行星LHS 1440b的艺术想象图，它围绕一个红矮星运行。来自恒星的光在光谱上向红外端移动。

恒星摇篮

这张照片是在可见光波段下拍摄的 RCW 38。这是一片由气体和尘埃组成的巨型星云，距离太阳系 5 500 光年，无数的恒星诞生于此。

褐矮星

这些天体的特点是质量介于红矮星和行星之间。因为褐矮星表面温度的限制，我们只能在红外波段观测它。

尽管褐矮星能够进行氘核的聚变，但其温度很低，以至于它们不能进行氢核聚变。因此，人们认为褐矮星不是恒星，而是介于气态巨行星和红矮星之间的天体，它们的最大质量只有 80 个木星质量。褐矮星在银河系中大量存在，其中很多位于太阳系附近。

红外波段下的失败恒星

然而，褐矮星表面亮度较低，使得我们很难用望远

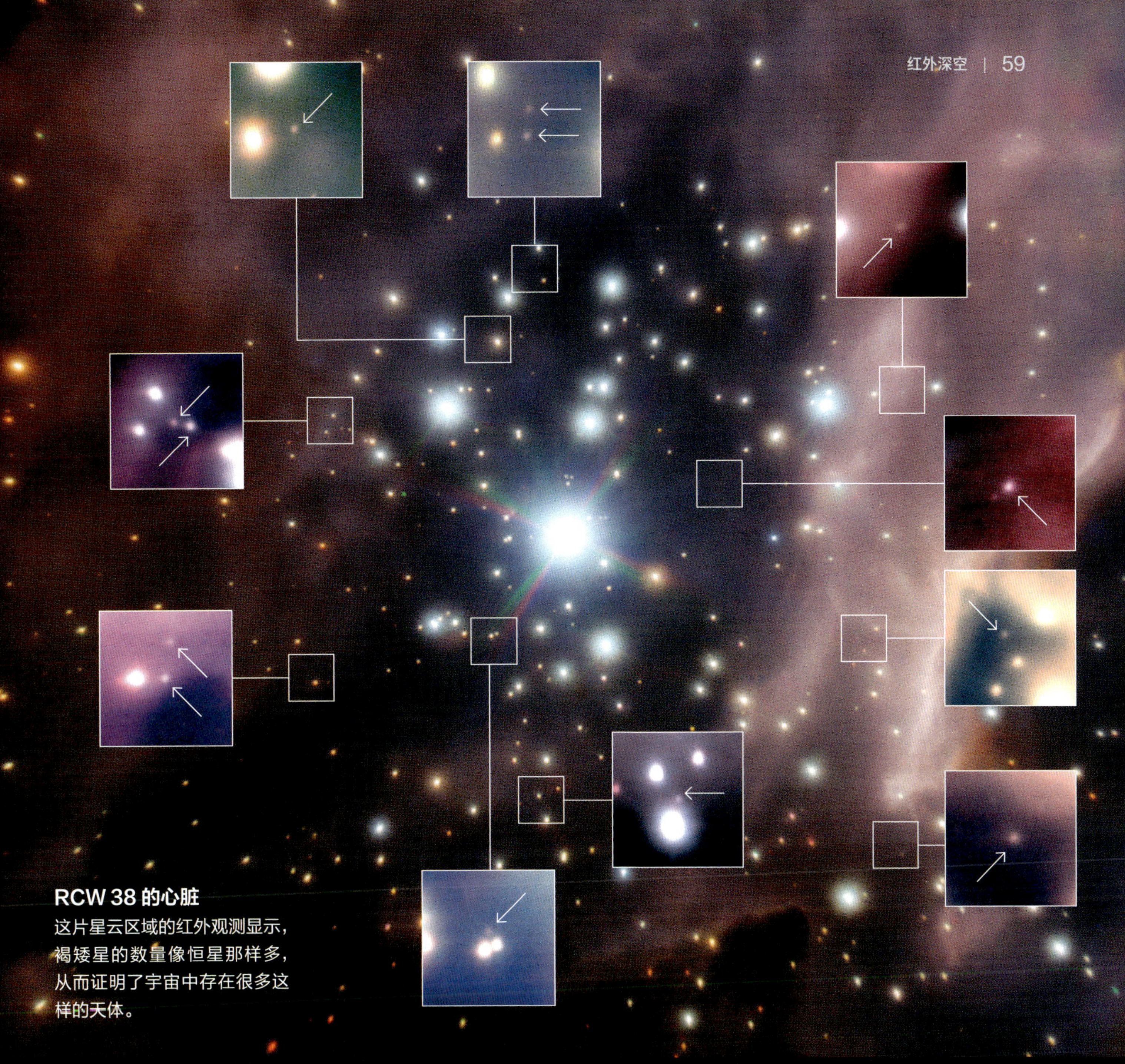

RCW 38 的心脏

这片星云区域的红外观测显示，褐矮星的数量像恒星那样多，从而证明了宇宙中存在很多这样的天体。

镜观测它们。通常，褐矮星的表面温度不会超过 2 000℃，最极端的情况下，它们的温度可以接近地球温带的温度。由于这些天体发射能量的主要光谱范围是红外波段，波长一般在 1~2.5 微米，所以对它们进行红外波段的观测是非常重要的。未来的观测将使得我们能够更详细地研究褐矮星的大气层，并了解它的形成过程。

几乎就是一个行星

一颗褐矮星的质量可以超过木星的 80 倍，但它的大小和木星相似：直径约为 15 万千米。年轻的褐矮星，如泰德 1，温度超过了 2 000℃。然而，其他褐矮星的温度可能接近气态巨行星的温度。

太阳（黄矮星）G2V — 5 800 K
格利泽 229A（红矮星）— 3 700 K
泰德 1（年轻的褐矮星）— 2 600 K
格利泽 229B（年老的褐矮星）— 950 K
WISE 1828+2650（超冷褐矮星）— 250 K~400 K
木星（行星）— 165 K

红外星系

这些星系在红外波段释放了大部分能量，且包含了大量的尘埃，这些尘埃通常与恒星形成率相关，有时还会和超大质量黑洞的存在有关。

相比电磁波谱的其他波段，红外星系会在红外波段显示出更高的亮度。这种强烈的辐射主要是因为大量尘埃的存在，这些尘埃阻挡了光的辐射，但是不会阻挡红外线的传播。这些星系通常是恒星形成率很高的旋涡星系，有时它们的恒星形成率比银河系高出 100 倍，而且这些红外星系通常显示出近期和其他星系相撞的迹象，或者被卷入促进新恒星形成的相互作用过程中。此外，那些最明亮的红外星系通常在其核心处有一个超大质量黑洞。

红外辐射

位于星系中心的黑洞使得围绕其旋转的物质和气体的温度很高，从而产生大量的红外辐射。这些星系中包含的大量尘埃使得这种辐射在其他波长不可见。

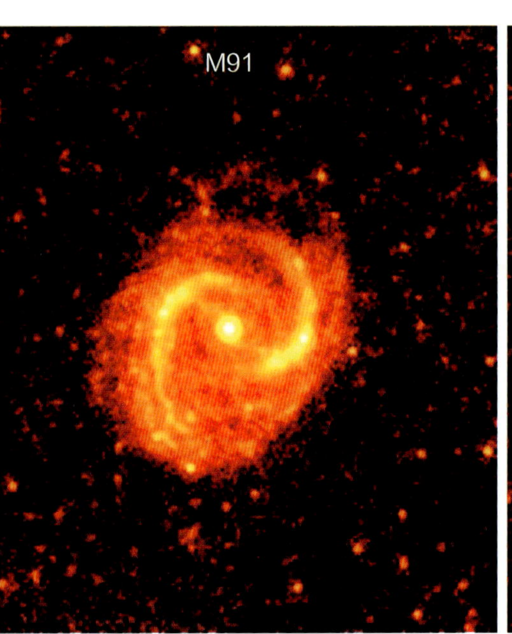
M91

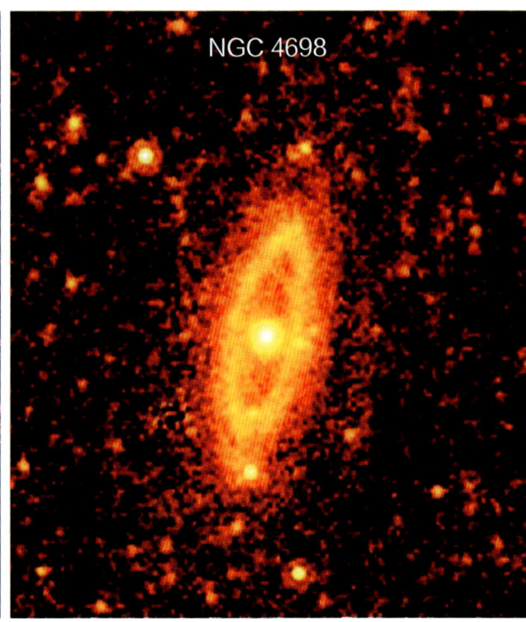
NGC 4698

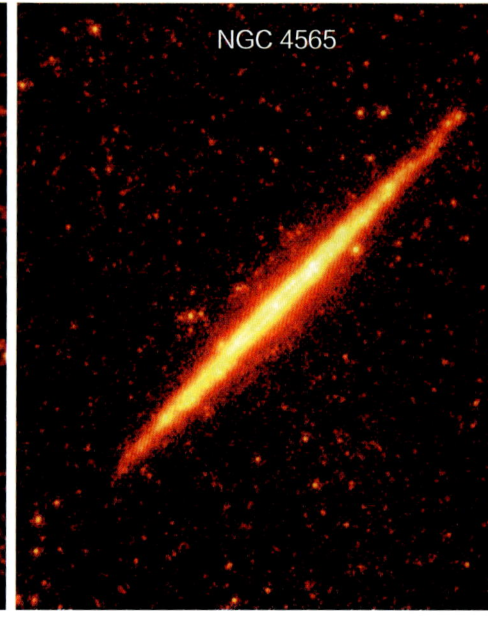
NGC 4565

演化

在星系并合的过程中，红外星系通常会是旋涡系统。这些红外星系包含的气体供给了其中的超大质量黑洞，使得它们辐射能量并形成类星体。一旦并合后的星系气体被黑洞消耗掉，它的活动就会停止，形成一个椭圆星系。

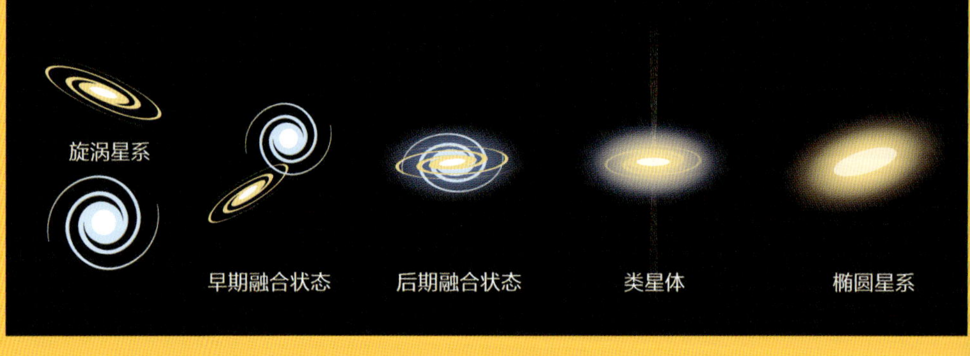

最明亮的星系

此艺术渲染图为已发现的最明亮星系 WISE J224607.57-052635.0，它比银河系亮 10000 倍。这个星系发出的辐射中 99% 属于红外范围。

红外星系的亮度

下面这组星系图像是在中红外波段获得的。引人注目的旋臂是大量恒星形成的区域。

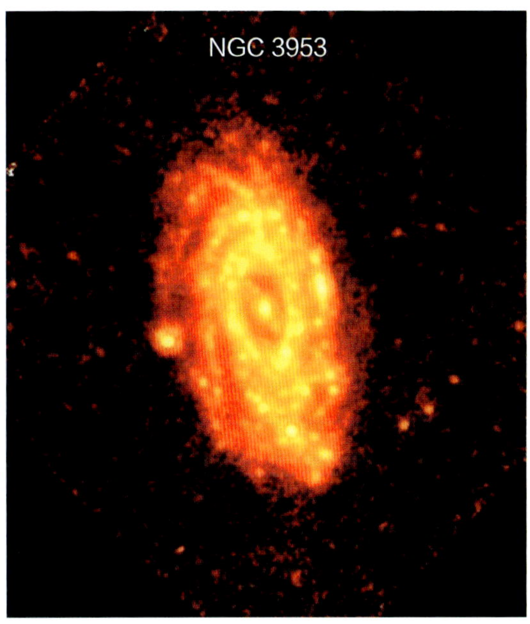

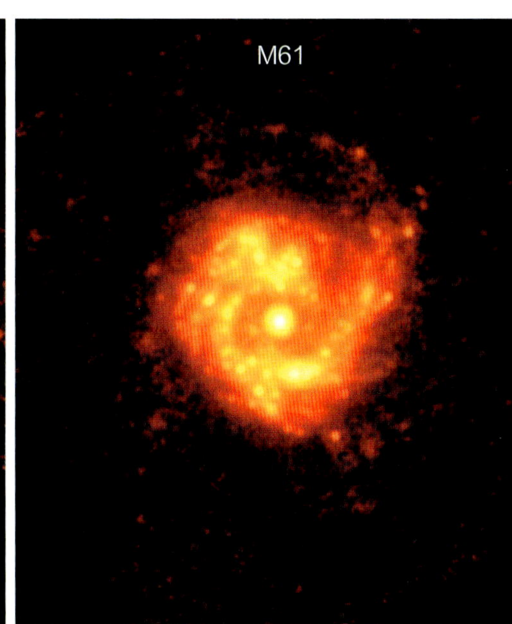

光度问题

红外星系根据其光度可以分为特高光度红外星系（ULIRG），超高光度红外星系（HyLIRG）或极高光度红外星系（ELIRG），它们的光度范围为 1 万亿 ~ 300 万亿个太阳光度。

星系	类型	太阳光度
WISE J224607.57−052635.0	极高光度红外星系	3.49×10^{14}
IRAS F10214+4724	超高光度红外星系	10^{13}
IRAS 14348−1447	特高光度红外星系	1.8×10^{12}
NGC 6240	特高光度红外星系	10^{12}
Arp 220	特高光度红外星系	10^{12}

银河系的中心

此图为斯皮策空间望远镜拍摄的银河系中心区域的红外照片，其中最明亮的部分对应于银河系的星系核。年轻恒星加热着这片区域的尘云。

仙女星系

仙女星系是本星系群中的主要组成部分，它离银河系很近，这使得我们可以在红外波段对它进行精确的研究。这些研究向我们提供了有关仙女星系历史的详细信息。

仙女星系距离银河系约 250 万光年，它是离银河系最近的大星系。仙女星系的直径约为 22 万光年，并且具有很大的倾角，这也就是为什么地球上的人们只能看到它的侧面，而很难欣赏到它的旋臂。然而，在红外波段对仙女星系进行研究时，由于宇宙尘埃主要分布在旋臂中，我们得以更加精确地界定它的结构。

仙女星系环

借助红外技术，我们在仙女星系发现了一个巨大的气体环，它围绕着星系核旋转，与星系其他部分运动的方向相反。气体环是最近一次星系融合的结果，这次融合距今至少有 1 亿年。尘埃围绕星系的复杂图案暗示了它的演化过程，同时也揭示了在恒星形成活跃的阶段，仙女星系与其他星系的远古邂逅。

球状星团

仙女星系周围大约有 500 个球状星团，在这张红外图像中，球状星团以离散的光点形式出现。

向星系的内部看去

突出的核球主导了仙女星系的中心区域，星系的主旋臂起源于那里。

可见与不可见图像

这是在可见光波长下拍摄的伴有红外细节的仙女星系图像。尽管尘埃的暗带让我们能够直接确定旋臂的位置，但是使用传统望远镜并不能很好地确定仙女星系的结构。

星系之外

星系晕里充满了老年恒星，它的范围延伸到了可见光拍摄的图像之外。

湍动的星系核

这是仙女星系核的图像，气体在星系核周围弯曲并高速移动。超大质量黑洞是造成这种现象的主要原因。

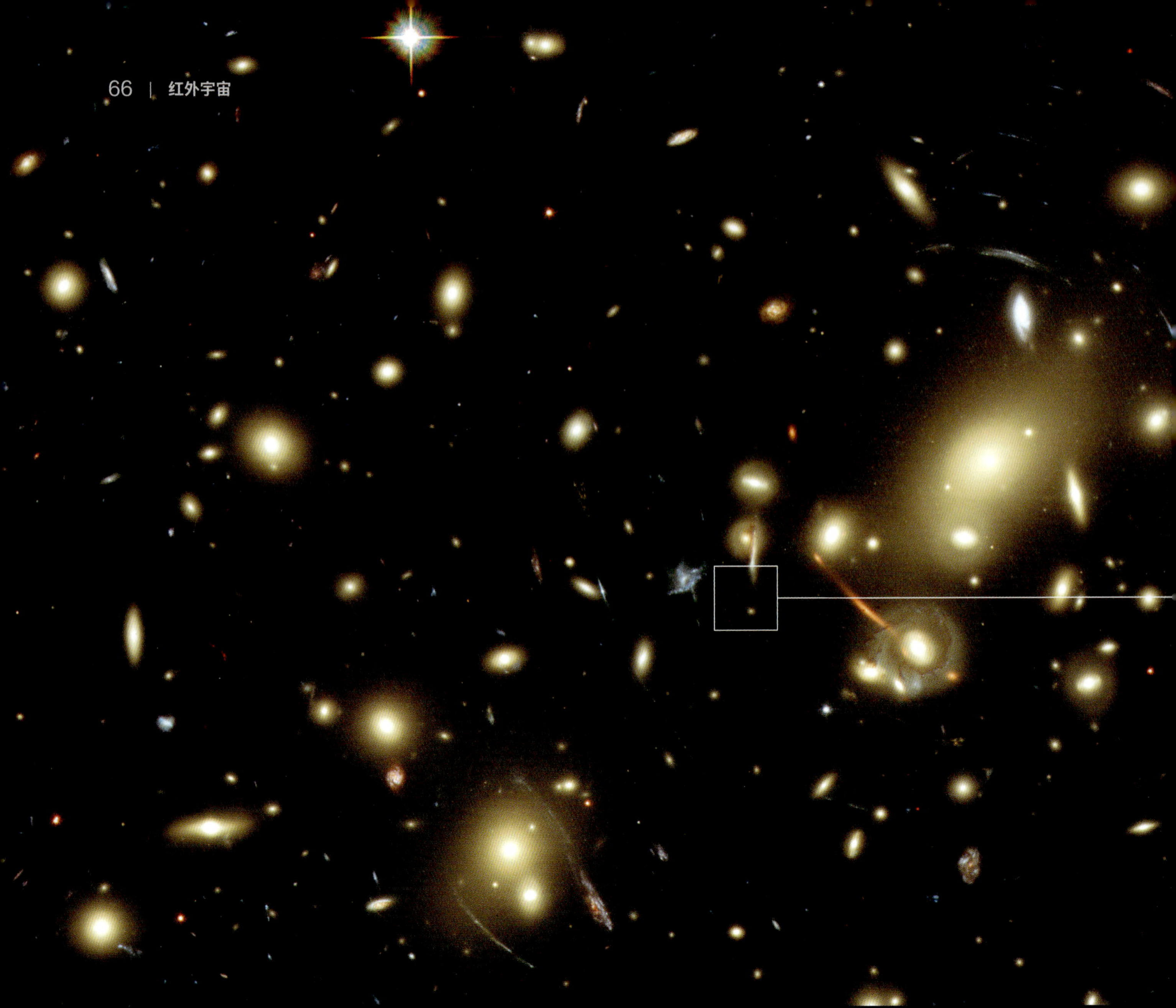

遥远的星系

宇宙的膨胀意味着那些最遥远星系的光谱会发生强烈的红移，所以在较长的波长下我们能够看到更多的细节。

星系辐射的光覆盖整个电磁波谱。然而，宇宙的膨胀会加速星系之间远离彼此，它们的光谱向红色偏移；如果它们相互靠近，光谱会向蓝色偏移。从这个意义上说，一个非常遥远的星系在它的能量辐射中会发生这样的红移，以至于它的光谱线离开了可见光的范围，所以我们用传统望远镜是无法观测到的。

仅在红外波段可见的宇宙

天文学家们拥有一种有效的方法来准确应对上述情况，那就是红外技术。实际上，专门的红外望远镜可以揭示最遥远，因而也是最古老的星系的细节；同时它还可以向我们展示早期宇宙的奥秘，那是大爆炸发生仅仅几亿年后的宇宙。

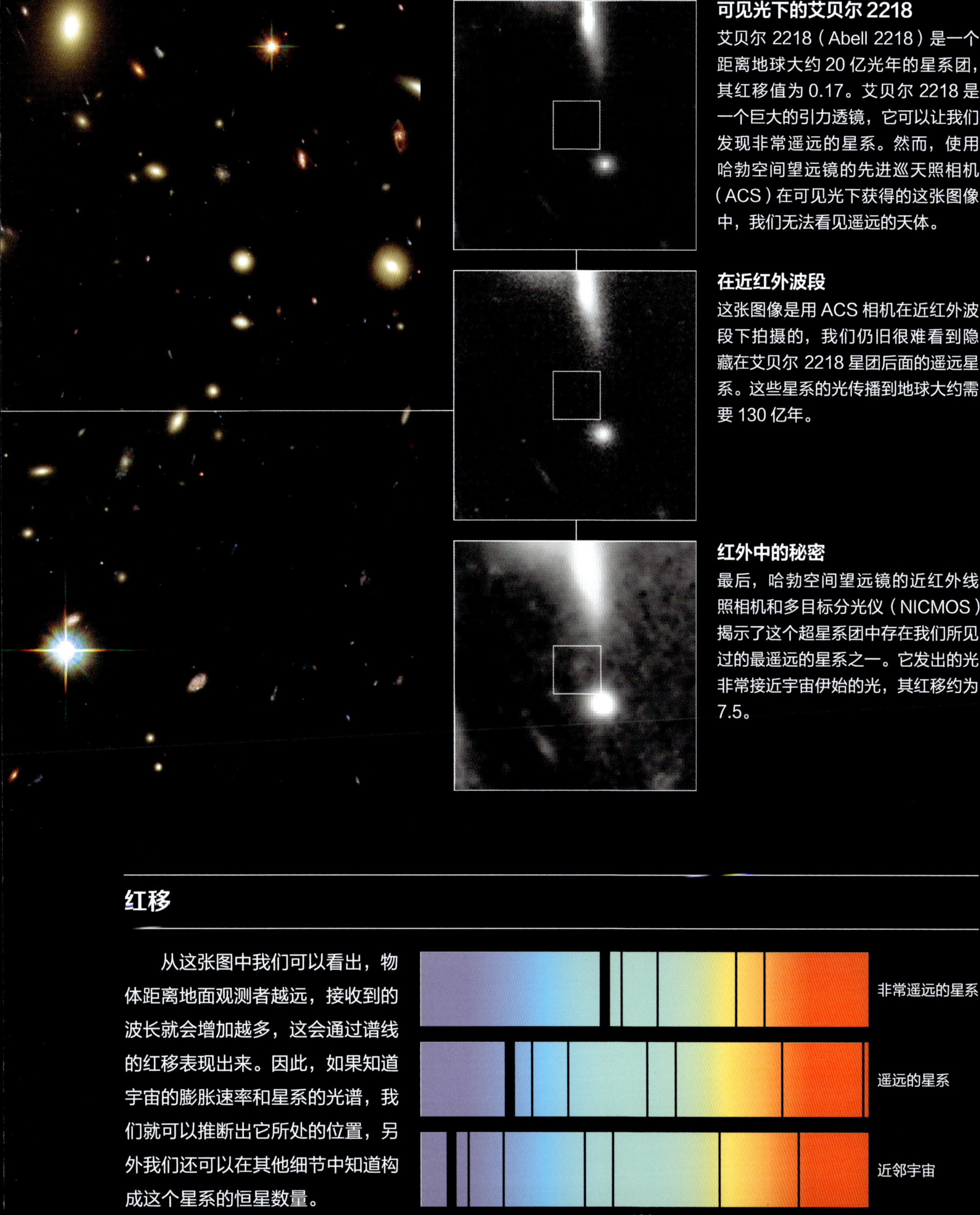

可见光下的艾贝尔 2218

艾贝尔 2218（Abell 2218）是一个距离地球大约 20 亿光年的星系团，其红移值为 0.17。艾贝尔 2218 是一个巨大的引力透镜，它可以让我们发现非常遥远的星系。然而，使用哈勃空间望远镜的先进巡天照相机（ACS）在可见光下获得的这张图像中，我们无法看见遥远的天体。

在近红外波段

这张图像是用 ACS 相机在近红外波段下拍摄的，我们仍旧很难看到隐藏在艾贝尔 2218 星团后面的遥远星系。这些星系的光传播到地球大约需要 130 亿年。

红外中的秘密

最后，哈勃空间望远镜的近红外线照相机和多目标分光仪（NICMOS）揭示了这个超星系团中存在我们所见过的最遥远的星系之一。它发出的光非常接近宇宙伊始的光，其红移约为 7.5。

红移

从这张图中我们可以看出，物体距离地面观测者越远，接收到的波长就会增加越多，这会通过谱线的红移表现出来。因此，如果知道宇宙的膨胀速率和星系的光谱，我们就可以推断出它所处的位置，另外我们还可以在其他细节中知道构成这个星系的恒星数量。

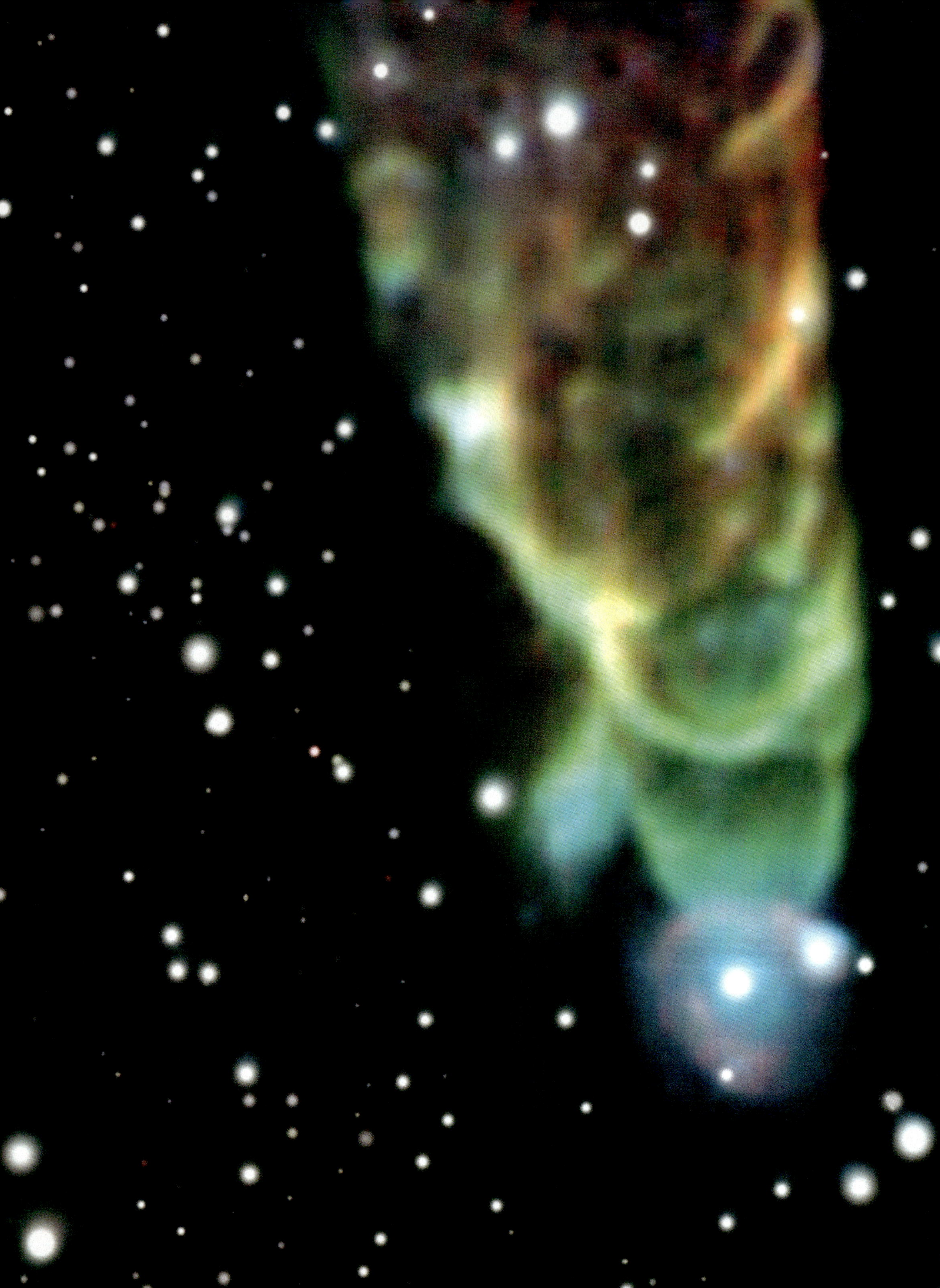

红外观测

1800 年，威廉 · 赫歇尔（William Herschel）发现了红外光，这为宇宙的观测打开了全新的大门。20 世纪 60 年代，人们开始在这个神秘的波段下对宇宙进行深入的研究，并且很快就揭示了恒星演化过程的奥秘和一些先前不可见的天体。

左图：赫比格 – 阿罗天体（Herbig–Haro object）49/50，主要产生红外辐射

红外的发现

红外的重要性直到一个半世纪后才被理解，当时人们透过星际尘埃观测到红外宇宙，并且对遥远星系进行了前所未有的细致观测。

红外光的发现是研究宇宙的一个重要进步，这要归功于德裔英籍天文学家威廉·赫歇尔，他于 1800 年公开这一发现。赫歇尔早在 9 年前就因为发现天王星而闻名。在一项漫长的研究任务后，赫歇尔做了一个实验，他使用棱镜分解了太阳光，并测量了每个彩色条纹的温度。在红色条纹的左侧，他放置了一个温度计作为对照，并且证实了这个区域的温度更高，因此他推断出这是我们看不到的一种光——红外光。

新的视角

此后，人们对太阳、月球和一些非常近的恒星发出的红外辐射进行了定量分析。在 20 世纪中叶，红外探测器的发展开辟了一种在红外波段下观测恒星和星系的方法。这与持续进步的技术一起提高了我们对各种宇宙过程的认知，例如恒星的形成和黑洞的行为。

部分色散

当光线穿过雨水发生色散时，在彩虹中可以看到的颜色仅仅是我们从太阳中接收到的所有辐射中的一小部分。

颜色的热量

威廉·赫歇尔分析了可见光的能量分布（曲线R），量化了从太阳接受的热能（曲线S），他将其称为“热射线”。而且赫歇尔还发现，当颜色向红色移动，温度会变高。在红色端的另一边，到达了温度峰值，因此，还有一半以上的阳光位于这个光谱的“不可见”区域内。

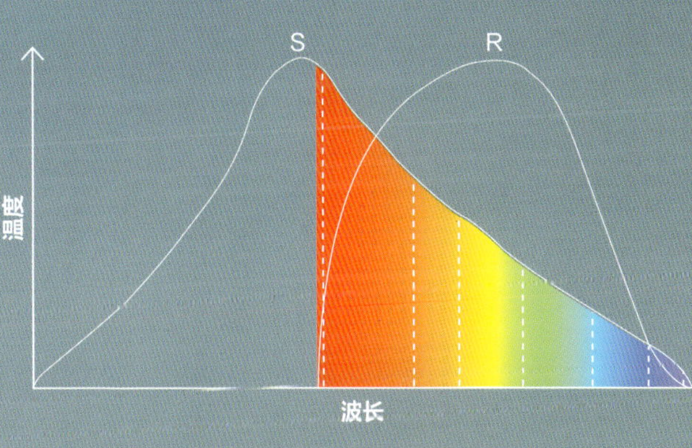

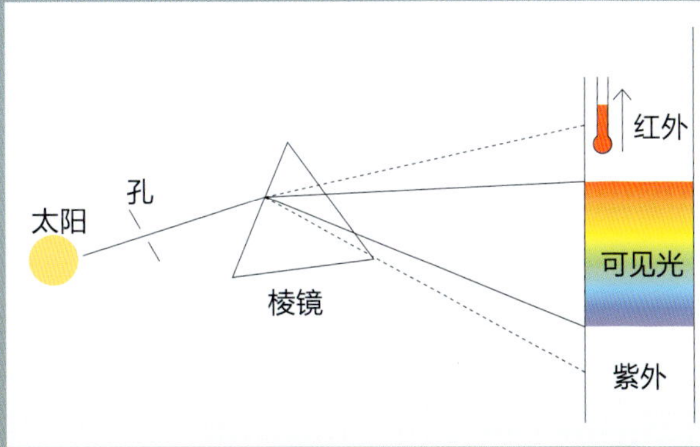

彩虹可见光之外

棱镜会使光发生折射，根据光的波长呈线性分布。光的波长大于红光的波长（0.78 微米）时，将会进入红外范围。红外辐射不在可见光范围内，因此人类无法看到它，仅能通过热传递感知。

地球上的红外线

对流层中聚集了非常多的水蒸气，而水蒸气会吸收红外线，阻止其到达地球表面。因此，红外天文台一般位于海拔尽可能高的位置。

红外辐射主要被大气中的水蒸气吸收，其中大部分（高达 99%）的水蒸气集中在对流层。对流层是大气层的底层，所有的气象现象都发生在这里。

高海拔望远镜

为了获得对宇宙观测的最佳结果，天文学研究人员一直都在寻找最合适的地方，也就是那些气候干燥、温度适宜以及海拔较高的地方。目标非常明确：尽量避免对流层中的水蒸气。因此，世界上最大的几个红外望远镜位于符合这些条件的地方：夏威夷岛上海拔 4 000 多米的冒纳凯阿火山（Mauna Kea）；智利海拔 2600 米的帕拉纳尔山，位于世界上最干燥的地区之一 ——阿塔卡马沙漠。

冒纳凯阿火山

这个海拔高度超过 4 000 米的天文台拥有 12 座望远镜，其中一些是世界上最重要的望远镜。

机载红外

为了避免对流层对红外空间观测的影响，NASA 和德国宇航中心（DLR）在一架飞行高度为 12 000 米的波音 747 飞机上安装了红外望远镜，这就是索菲亚平流层红外天文台（SOFIA），并于 2010 年 5 月 26 日进行了首次天文观测。SOFIA 上的望远镜直径达到 2.5 米，其仪器几乎覆盖了整个红外波段，主要研究彗星和太阳系的其他天体、恒星的形成以及星际介质的组成。

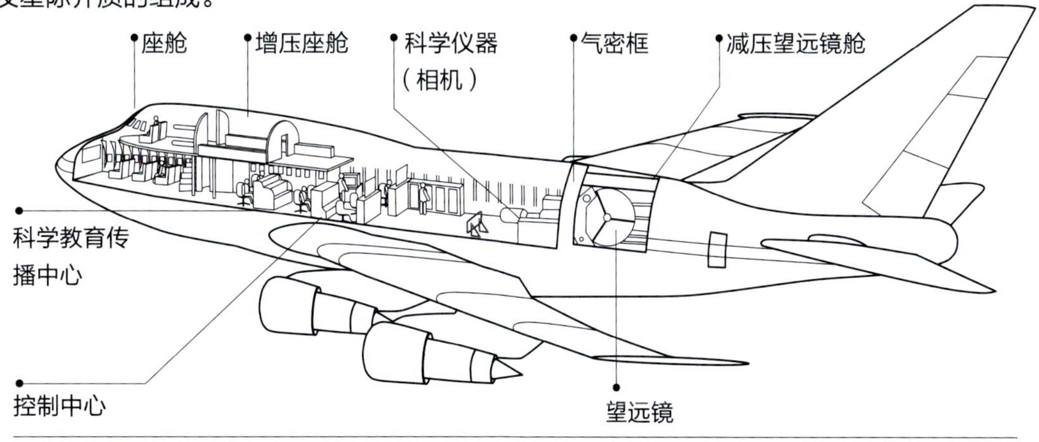

频谱仪和亚毫米波望远镜

对系外行星的搜寻和对恒星形成的研究得到了频谱仪及亚毫米波望远镜的支持，频谱仪对接收到的光进行分解，亚毫米波望远镜则在远红外和微波波段进行观测。

频谱仪通过对接收到的光进行分解，可以研究遥远恒星或行星的电磁波谱，以此来获得它们的温度、成分、旋转和相对速度等信息。对恒星光谱的分析让我们获得了发射线和吸收线，从而产生关于它的化学成分的数据。此外，这些线的周期性会显示径向速度的变化，这是由围绕它的行星引起的。

亚毫米波望远镜

亚毫米波介于远红外和微波之间，波长量级为毫米的几分之一。亚毫米波对于详细观测大分子云和恒星形成区域十分有用，因为相比在中红外和近红外，在亚毫米波可以探测到温度更低的物体。位于智利的 ALMA 是世界上最好的亚毫米波探测器。

CARMENES 项目

这个项目是德国和西班牙的 11 个机构开展的，由位于西班牙的卡拉阿托天文台运作，将光学和近红外观测的高精度光谱相结合。CARMENES* 专门研究红矮星周围的行星，并在 2017 年发现了这个项目的首颗系外行星：HD 147379 b。这是一颗冰质巨行星，我们把它的轨道和太阳系带内行星的轨道做了比较。

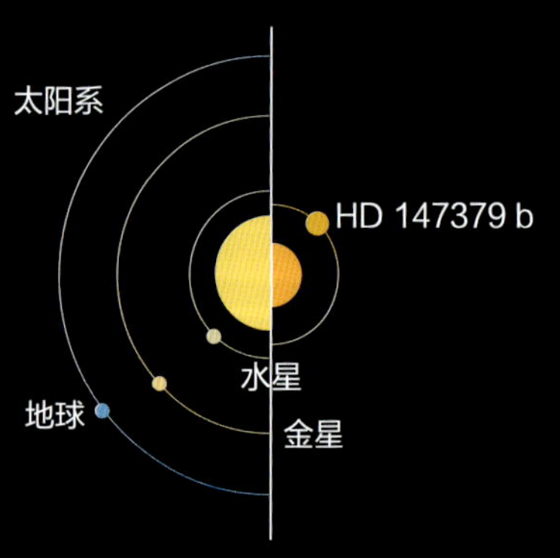

触须星系
这张是哈勃和 ALMA 照片叠加在一起组成的复合图，展现了 NGC 4038 和 NGC 4039 之间的星系碰撞，其中 ALMA 的图像用红色标识了这个系统中的分子云。

半人马射电源 A
这张 ALMA 和近红外图像显示了半人马射电源 A 的星系旋转方向。偏红的颜色表示其正在接近观测者。

* 卡拉阿托近红外和光学阶梯频谱仪寻找地外 M 矮星的高分辨率研究。

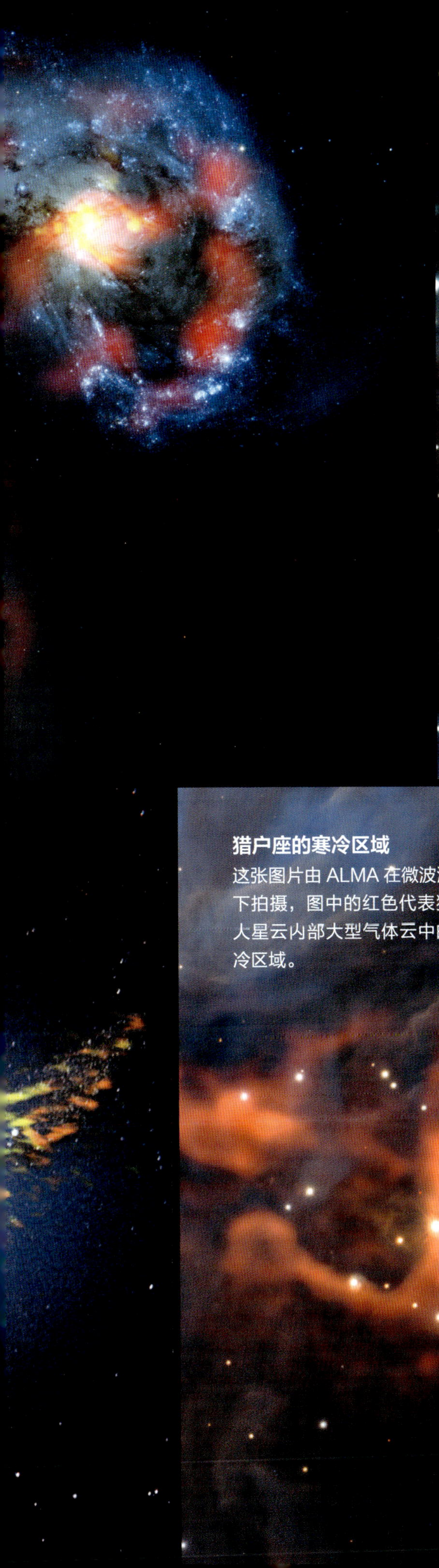

猎户座的中心

亚毫米波探测器可以观测到新生恒星将气体高速排出到外部的现象。

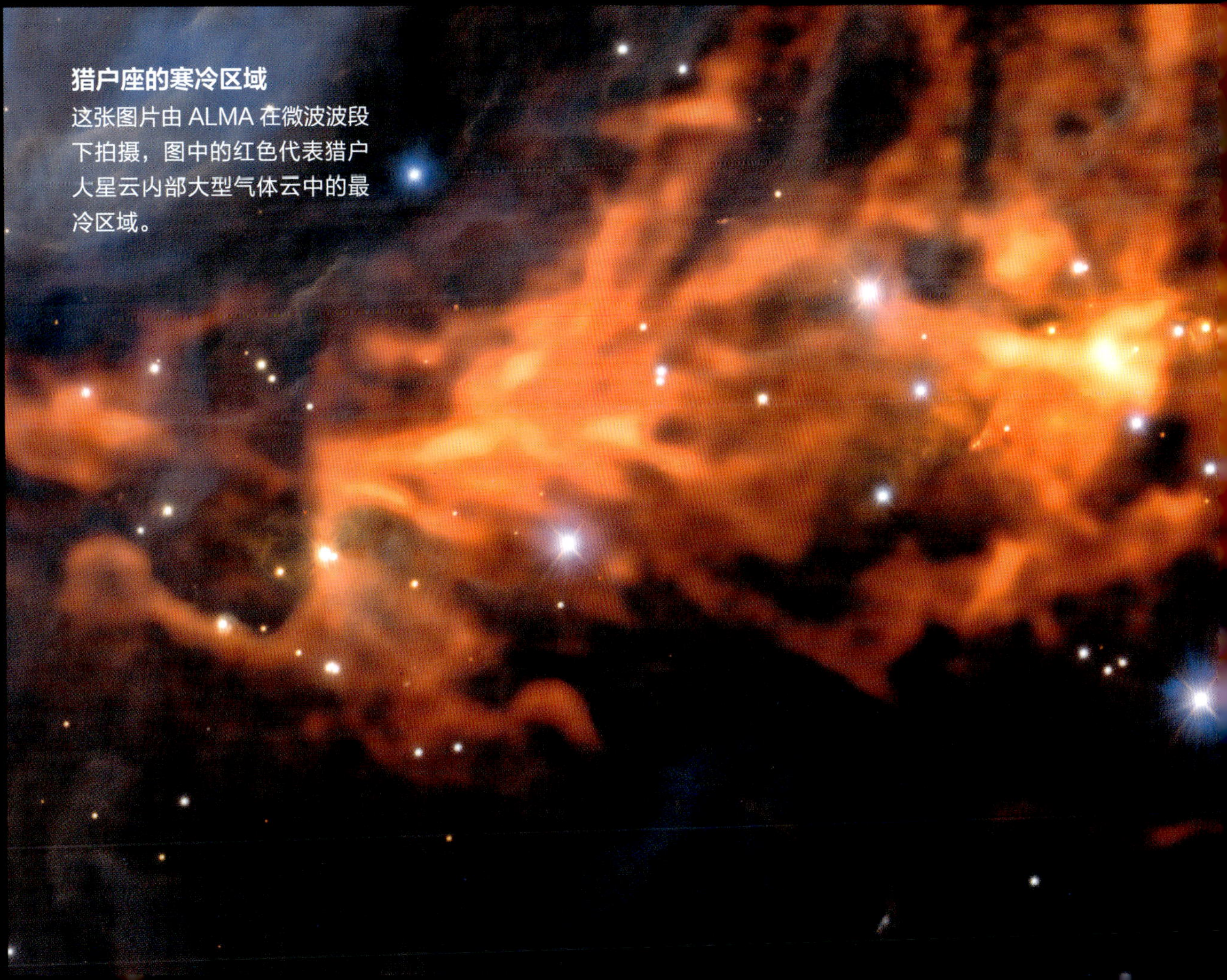

猎户座的寒冷区域

这张图片由 ALMA 在微波波段下拍摄，图中的红色代表猎户大星云内部大型气体云中的最冷区域。

绘制天图

各种红外星表，例如 2 微米全天巡视（2MASS）星表，覆盖了整个天空，它们在研究恒星形成、褐矮星的存在以及遥远星系的结构时具有重要价值。

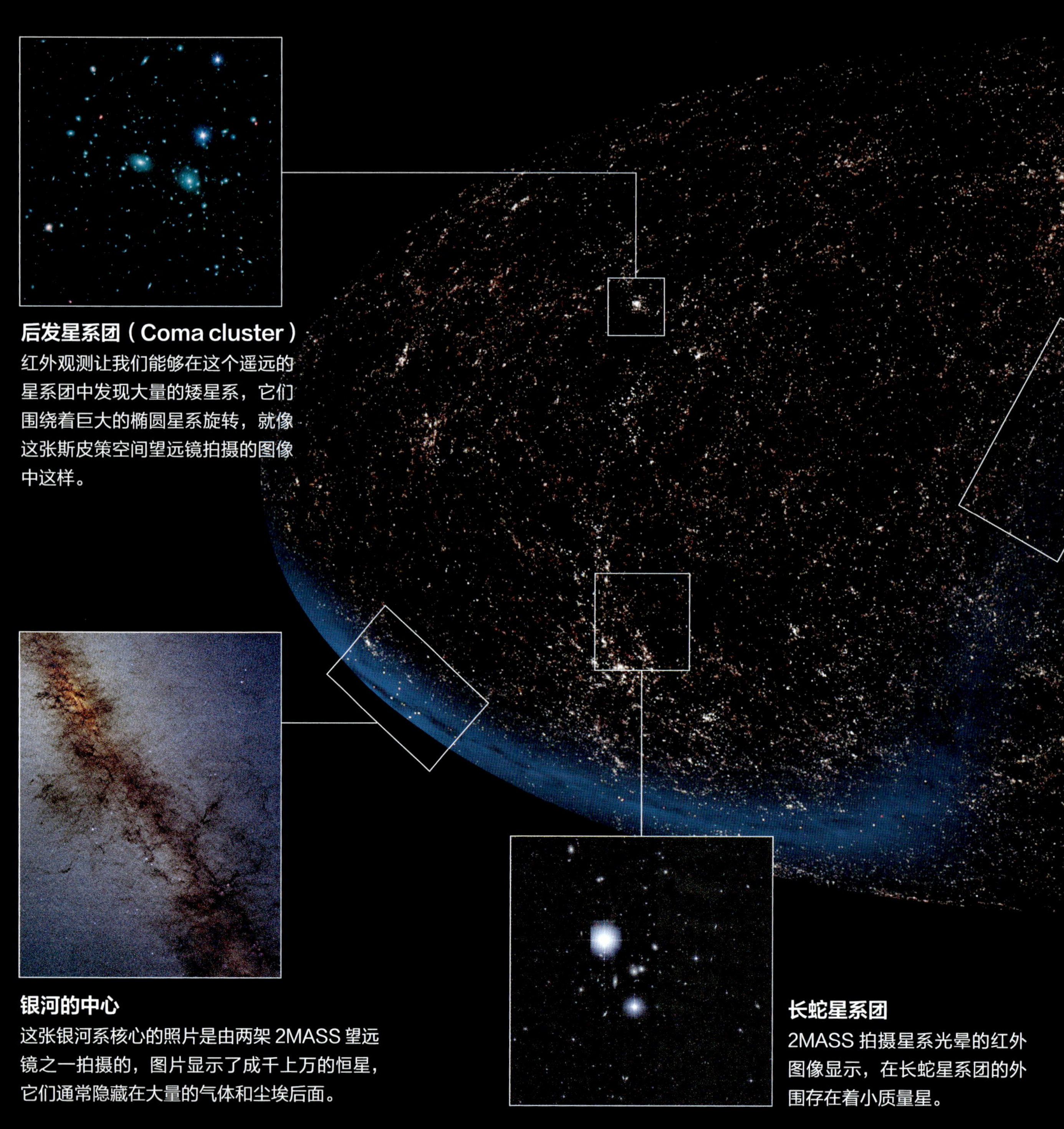

后发星系团（Coma cluster）
红外观测让我们能够在这个遥远的星系团中发现大量的矮星系，它们围绕着巨大的椭圆星系旋转，就像这张斯皮策空间望远镜拍摄的图像中这样。

银河的中心
这张银河系核心的照片是由两架 2MASS 望远镜之一拍摄的，图片显示了成千上万的恒星，它们通常隐藏在大量的气体和尘埃后面。

长蛇星系团
2MASS 拍摄星系光晕的红外图像显示，在长蛇星系团的外围存在着小质量星。

星体、星系和其他天体的大视场图像星表是研究天体的基本工具之一。在这个背景下，2MASS 应运而生。这是一个雄心勃勃的项目，旨在记录最多的红外波段可见的天体。这幅壮观的天图在 1997 年开始制作，4 年后完成。这要归功于来自南北半球两侧的两台望远镜的杰出合作，其中一台位于美国亚利桑那州，另一台位于智利，它们成功地覆盖了整个天空。

发现源

2MASS 的首要任务是探测星系、小质量星和褐矮星。在其多年的观测中，这个项目创建了完整的记录，观测到大约 300 万个天体。这些天体中包含各种各样的星系、星团、星云，以及 173 颗褐矮星、大量的小质量星，甚至还有太阳系中的小行星。

英仙－双鱼超星系团
这是可见宇宙中最大的结构之一，横跨英仙座和双鱼座，其中包含 1000 多个星系。

银道面
它是银河平面在我们天空的投影，也就是银河系中大多数恒星所在的地方，看起来呈对角线排列。

波江座和天炉星系团
天炉座中央部分的放大图，这是离本星系群最近的星系团之一。右下方是旋涡星系 NGC 1365，旁边是椭圆星系 NGC 1399（黄色）。

2MASS 的宇宙

这张宇宙的近红外图像是由 2MASS 收集的 160 万个星系的图像以及银河系中约 15 亿颗恒星的图像组合而成，图中使用蓝色突显了银河系与其他星系的对比。

空间的红外观测计划

近几十年来，红外观测逐渐向太空发展。在没有大气干扰的情况下，探测器获得的图像会更加清晰和准确。

1983 年

IRAS 发射升空

1983 年 1 月，NASA 和英国及荷兰的航空航天机构共同开展的 IRAS 项目发射升空，进入轨道。它的科学目标是使用红外光谱绘制天图，并在不同的波长下进行四次扫描。

1983 年

IRAS 完成任务

IRAS 在进入轨道 10 个月后完成任务，它在整个天空中记录了 50 多万个红外源。这其中有很多是正在形成的星系。此外它还发现了三颗小行星，并对年轻的恒星和彗星进行观测，例如图片中的 IRAS-荒木 - 阿尔科克彗星（IRAS-Iraki-Alcock Comet）。

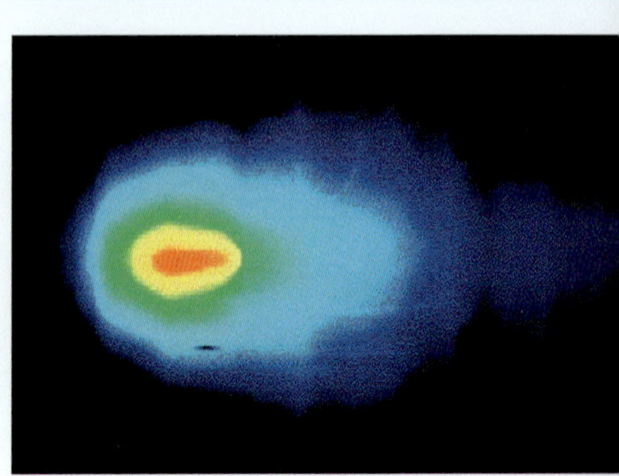

1997 年

NICMOS

哈勃空间望远镜在 1997 年安装的这台革命性的相机一直使用到 2008 年，它使哈勃空间望远镜能够获得非常精确的近红外图像。事实上，它们被用于探测系外行星。

1998 年

SWAS

亚毫米波天文卫星（SWAS）于 1998 年发射升空，它在近 7 年的观测中利用近红外波段和微波分析了银河系恒星的形成以及分子云核的冷却过程。

1999 年

WIRE

大视场红外探测器（WIRE）由 NASA 于 1999 年发射升空，它的目的是取代 IRAS，绘制更加精确的天图，然而一个机械故障让所有的期望落空。

2009 年

赫歇尔空间天文台

2009 年，ESA 发射了这架专门研究远红外线和亚毫米（55~672 微米）的望远镜。这幅图是该望远镜发射一年后观测到的玫瑰星云的细节之一。

2009 年

WISE

WISE 于 2009 年开始扫描天空，并达到了前所未有的红外分辨率。然后它开始探测较小的天体，比如这颗赛丁泉彗星（Siding Spring）。

2013 年

赫歇尔望远镜的终点

红外望远镜必须保持在接近绝对零度的温度下，因此它们的使用寿命取决于望远镜冷却剂的持续时间。对于赫歇尔望远镜，它的冷却剂持续时间略高于 4 年。

1995 年

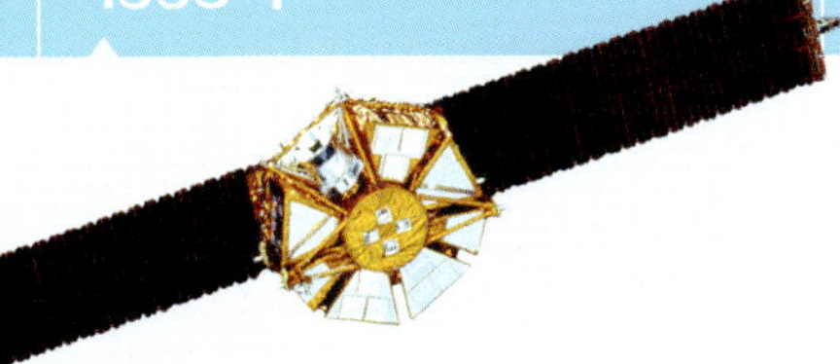

SFU 卫星

这枚日本的空间飞行器装置（SFU）卫星于 1995 年 3 月发射升空进入轨道，它搭载的一台红外望远镜运行了近 1 个月，拍摄到波长 1~1 000 微米的图像。

1995 年

ISO

在 1995 年 11 月，ESA 联合日本航天局（JAXA）及 NASA 将红外空间天文台（ISO）发射升空，它主要研究太阳系中行星的大气以及银河系中的尘埃和气体。

1996 年

MSX 卫星

虽然美国太空中途红外实验（MSX）卫星的主要目的是识别导弹，但它也被用来分析大气层。

2003 年

斯皮策空间望远镜

这台望远镜是 NASA 大型轨道天文台计划的一部分，它拍摄了很多银河系红外光谱中的迷人照片，例如这张发射星云 IC 1396，这是它拍摄的第一张照片。

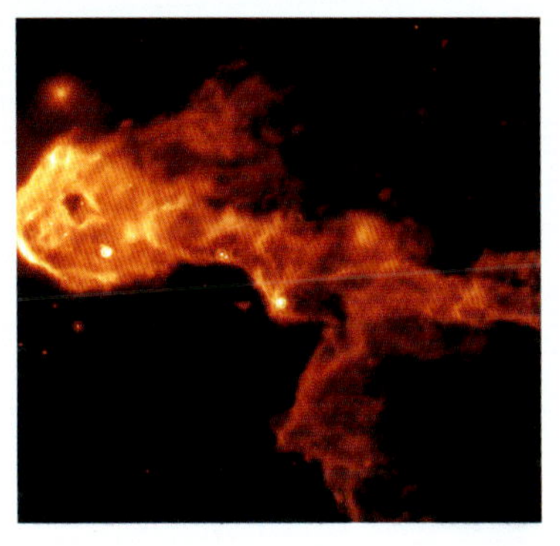

2006 年

光亮号

尽管光亮号红外天文卫星的任务时限只有不到 6 年，然而它在远红外和微波观测方面的贡献是非常宝贵的，正如这张观测到的远红外宇宙图片所显示的那样。

2021 年

詹姆斯 · 韦布空间望远镜

这架直径 6.5 米的望远镜将主要在红外范围内进行观测，从而可以对早期星系和新的系外行星进行详细研究。

未来

哈勃空间望远镜

哈勃空间望远镜已经成功运行 30 多年，暂无确定的退役日期，据估计可以运行到 2030—2040 年。其继任者詹姆斯 · 韦布空间望远镜已发射升空，两个望远镜很可能会展开联合观测。

斯皮策空间望远镜

斯皮策空间望远镜是迄今为止在红外范围内最重要的空间天文台装置。由于它的观测，科学家在遥远的星系以及系外行星中取得了重要的发现。

斯皮策空间望远镜于 2003 年进入轨道，是 NASA 最大的空间天文台装置之一。它的设计初衷是克服地球大气对空间红外成像的干扰，任务原计划持续两年半，之后又延长了三年。在冷却剂（液氦）耗尽后，望远镜将会继续使用两个最短波长的探测器，来观测小行星、带有吸积盘的年轻恒星以及遥远的星系。

在红外波段中的科学成果

斯皮策空间望远镜绘制了整个天空的图像，并聚焦于银盘，即分子云和恒星形成的地方。它的一个重要贡献是在 2005 年直接探测到系外行星 HD 209458b 和 TrES-1b 的大气，这得益于它的红外成像以及超高精度。它还在掩星期间对两颗行星进行了探测。

星系考古

哈勃空间望远镜在可见光和红外波段拍摄到的图像（上两图）与斯皮策空间望远镜在可见光和红外波段拍摄到的图像（左下图）之间的对比，以及两者的合成图（右下图），突出了一个红外波段下非常亮的星系：HUDF-JD2。这个星系在宇宙只有 8 亿年历史的时候就发射了现在到达地球的光子。

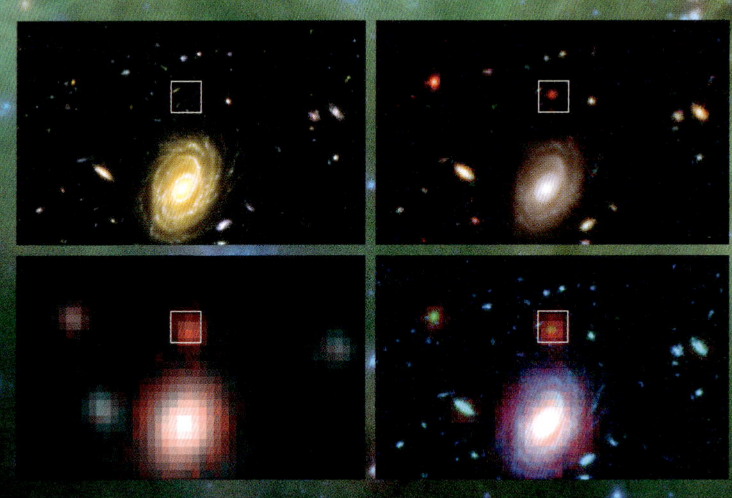

星暴

这是斯皮策空间望远镜获得的恒星形成区 NGC 2174 的图像。在它的内部，数百颗恒星正在形成。

望远镜部件

斯皮策空间望远镜的主镜直径为 85 厘米，它被放置在一颗 4 米高的卫星上，由太阳能电池板保护和供电，此外太阳能电池版还执行通信、方向控制和动力供应任务。

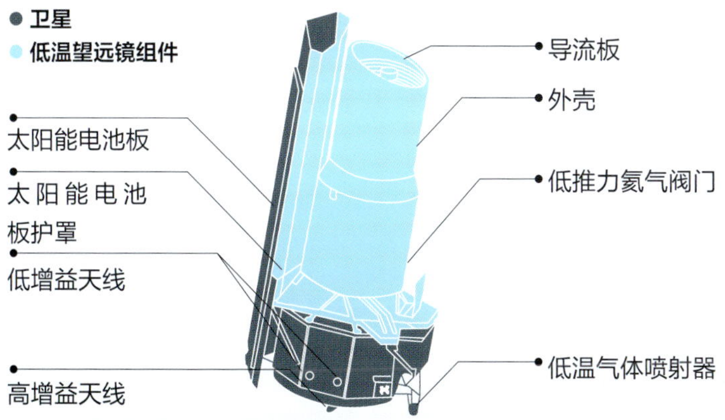

哈勃空间望远镜的 NICMOS

有效工作的 8 年多以来，NICMOS 一直是哈勃空间望远镜的红外相机，与哈勃空间望远镜的其他波长的观测互相补充，共同研究了恒星及星系的起源。

哈勃空间望远镜的前代红外相机为 NICMOS，即近红外线照相机和多目标分光仪。这台仪器是一项真正的技术奇迹，自 1997 年来它一直在波长 0.8~3.0 微米的范围内（即近红外）观测宇宙。虽然在两年后它的制冷剂消耗殆尽，但是在 2002 年到 2008 年，它又奇迹般地恢复了工作。之后 NICMOS 被第三代广域照相机（WFC3）取代，在哈勃空间望远镜停止工作时，WFC3 将开始向地球发送图片。

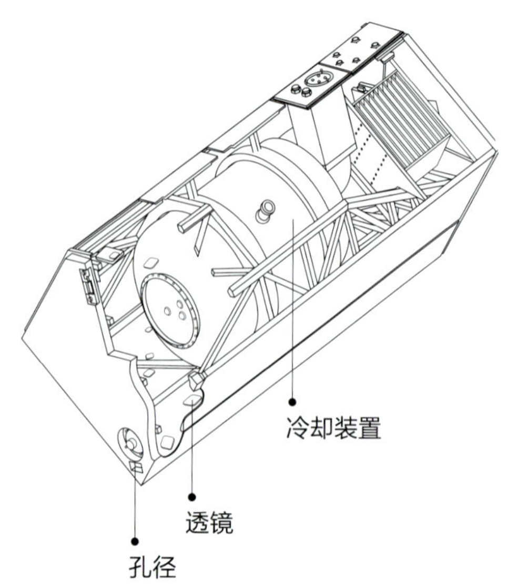

结构图

这幅图展示了 NICMOS 的主要部件，它的长度超过 2 米，重达 370 千克。

发现

NICMOS 对研究遥远的星系及类星体非常有用，因为来自这些天体的光发生了很大红移，大部分的光处于红外波段。1998 年，它还拍摄了围绕恒星 HR 8799 运行的三颗系外行星的照片，尽管这些信息直到 10 年后经过图像处理才为人所知。

哈勃红外的升级

1999 年，NICMOS 相机拍摄到五合星团的照片（左图），它位于距离银河系中心约 100 光年的地方，在这里发现了一些银河系中最大质量的恒星，如手枪星和大量的红超巨星。16 年后，WFC3 相机获得了相同的图像（右图），可以看到红外波段下出现了更多的恒星，它们当中有很多恒星只有 400 万年。

最遥远的宇宙

这是哈勃空间望远镜拍摄到的一个遥远且充满星系的区域。这个图像是结合光学与近红外的数据得到的，图片中较深的红色对应于近红外波段，而较深的蓝色星系则是在可见光范围内拍摄到的。

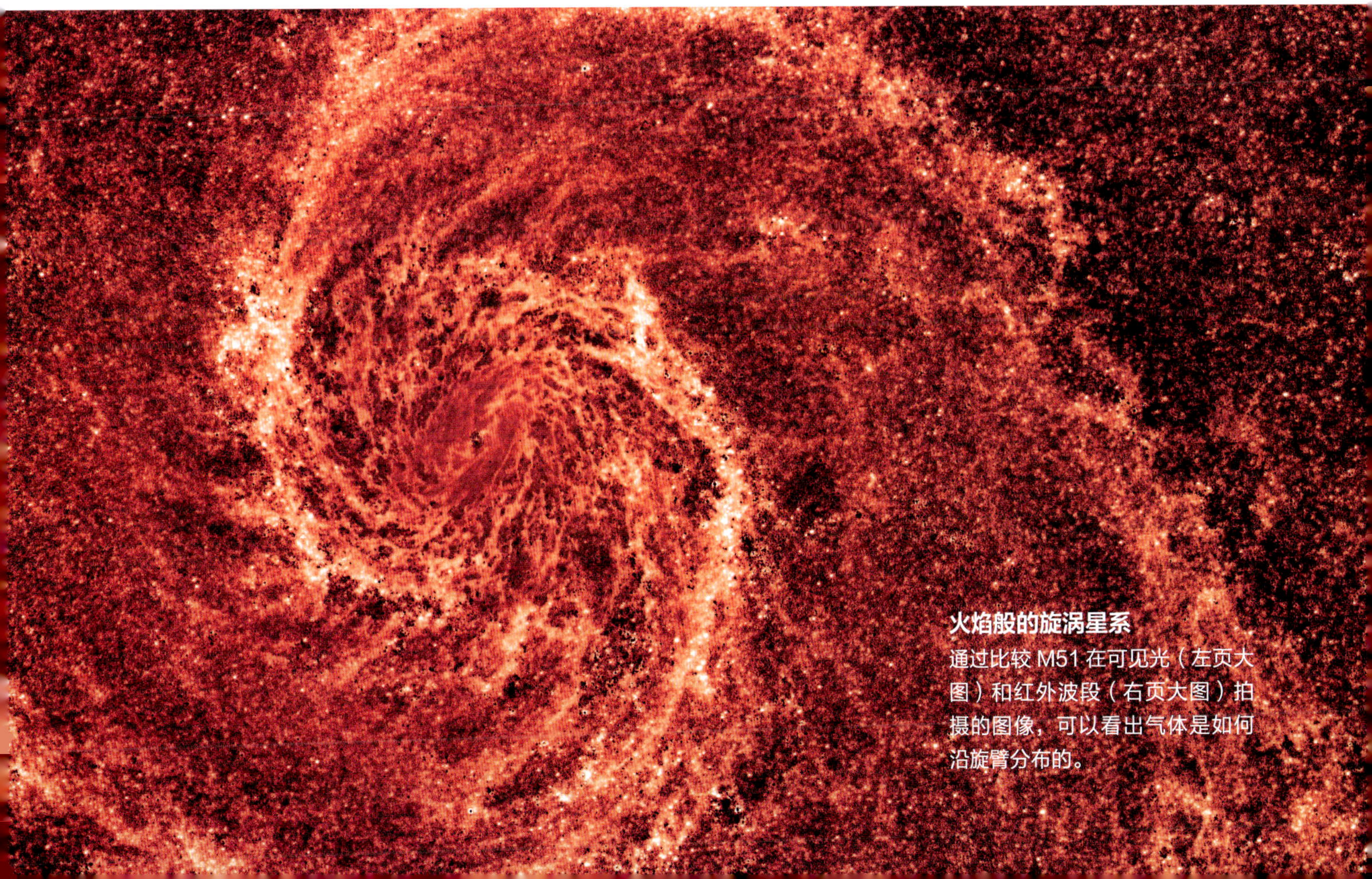

火焰般的旋涡星系

通过比较 M51 在可见光（左页大图）和红外波段（右页大图）拍摄的图像，可以看出气体是如何沿旋臂分布的。

赫歇尔望远镜

赫歇尔望远镜在远红外波段进行了大量的观测，它研究了星系的运动并探测到了来自太阳系以外的水蒸气。

赫歇尔望远镜由ESA发射，运行时间为2009—2013年。它的仪器对远红外和亚毫米波十分灵敏，即波长在55～672微米的辐射。为了探测这种宇宙中最冷的辐射，赫歇尔望远镜在仅为−271℃的温度下工作，这个温度只比绝对温度高了2℃，它能在这样低的温度下工作要归功于液氦的大量沉积。赫歇尔望远镜在其使用期间，进行了超过3.5万次的科学观测，积累了丰富的信息，这些信息有助于洞悉寒冷多尘的宇宙。

望远镜尺寸

赫歇尔望远镜是当时最大的空间望远镜。它装有一面直径为3.5米的镜子，主体结构长达7米，重量超过3吨。赫歇尔望远镜的一侧装有较大的壁板，用来防止太阳光照射引起的温度过热。它在距离地球150万千米的轨道上运行。

水蒸气的探测

无论是在我们的太阳系还是在其他恒星和星系中，赫歇尔望远镜的很多重大发现都与水蒸气的存在有关。该望远镜的研究结果表明行星上形成的大部分水都来自彗星或小行星，这并非没有道理。事实上，赫歇尔望远镜在小行星带最大的天体谷神星（Ceres）上探测到了水蒸气。

恒星诞生

赫歇尔望远镜的红外技术使我们能够观测到星云中最寒冷、最多尘的区域，这些区域通常是光学望远镜难以探测的地方。通过这种方式，赫歇尔望远镜还研究了年轻恒星的活动以及它们对大型气团演化的影响。

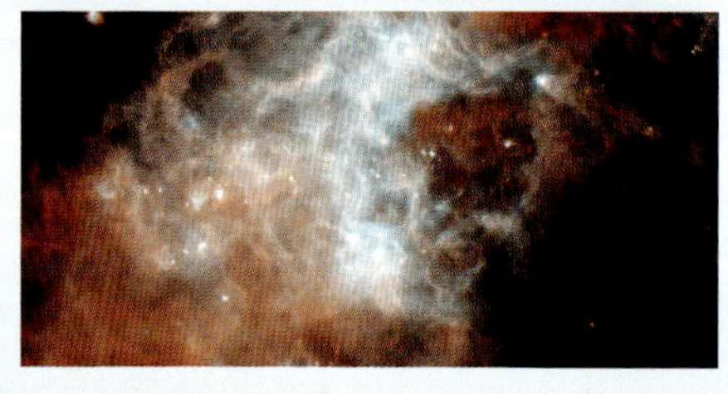

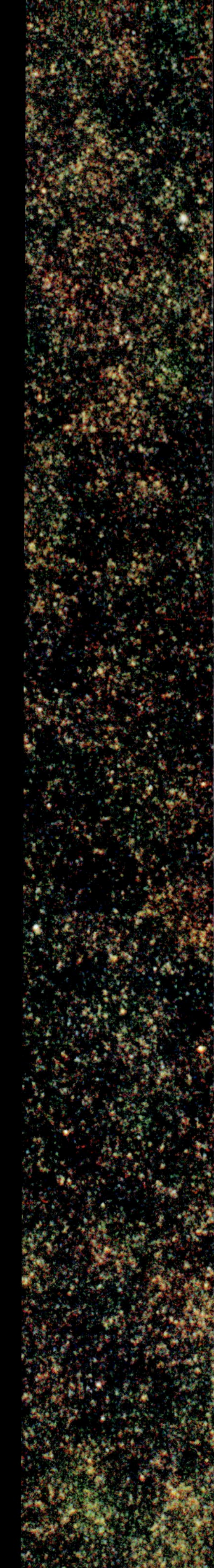

遥远的宇宙

赫歇尔望远镜拍摄的大视场图像。每个点都对应一个遥远的星系，这些星系距离我们 100 亿 ~120 亿光年。

彩云

这幅赫歇尔图像显示距离太阳系 1 000 ~ 1 400 光年的大部分尘埃被猎户座 B 分子云中的年轻恒星加热。

术语解释

A

阿塔卡马大型毫米[/亚毫米]波阵(ALMA) 智利阿塔卡马沙漠中的射电望远镜干涉仪，是一组望远镜(更确切地说，是一组射电望远镜天线)，整个阵列协同合作，就好像单个望远镜一样，可以捕捉到高分辨率图像。

B

巴耳末系 氢原子的一系列光谱发射线，来源于电子跃迁到原子的第二能级。它以瑞士数学家约翰·雅各布·巴耳末(Johann Jakob Balmer)的名字命名，他是巴耳末公式的发现者。

本星系群 银河系所属的星系群，由超过50个星系组成，据推测，在未来的10亿~1万亿年内，这些星系将并合形成一个星系。本星系群的直径约为1 000万光年，其引力中心位于银河系和仙女星系之间，这两个星系与三角星系是本星系群中最大的星系。

波长 波在一个振动周期内传播的距离。波长是波的特性之一，也就是相邻两个振动位相之间的距离。比如可见光，它的波长和颜色相关。蓝光波长较短，红光波长相对较长。

C

长周期彗星 轨道周期通常为200年至数十年的彗星。它们通常与行星不在同一轨道平面上，有些彗星的远日点甚至可以达到太阳系的边界，它们需要数万、数十万甚至数百万年才能完成一次绕太阳的公转。

磁场 电流和磁性材料相互作用所产生的效应。就行星而言，其核心中的元素生成了磁场。磁场是保护行星免受太阳风不断冲击的关键。

D

大气层 大气层是指受到引力吸引从而包裹行星或其他天体的气体层。重力强度和表面温度是决定一个行星能否存在大气层的关键因素。地球的大气层由78%的氮气、21%的氧气、0.9%的氩气以及少量的二氧化碳等其他气体组成。

电磁波谱 电磁辐射的整个频率范围。从波长最短(小于原子大小)的伽马辐射到波长最长(大约10万千米)的频率极低的射电波段。可见光谱，即人眼可感知的光谱，波段范围在390~770纳米。

电磁辐射 由电磁波(射电、微波、红外线、可见光、X射线、紫外线、伽马射线)组成的辐射。电磁波，无论是哪种辐射，都以光速在真空中传播。

短周期彗星 轨道周期小于200年的彗星。它们通常与太阳系的行星处于同一轨道平面，轨道的远日点则将这些彗星带到巨行星的轨道处或更远的地方。最著名的短周期彗星是哈雷彗星，其轨道周期为74~79年。

对流层 大气层中最低的一层。就地球而言，所有大气现象均发生在该层，并且该层积聚了地球大气质量的75%以及水蒸气的99%。对流层的厚度在不同位置并不相同，赤道地区的对流层厚达20千米，而极地地区的厚度降到6千米。

多普勒效应 由于辐射源靠近或远离观察者所引起的辐射波长和频率的变化。就声音而言，最常见的例子是救护车的警笛声：当救护车驶向我们时，声音频率增加(即音调变高)；当它从身旁驶过时，频率和音源本身一致(音调相同)；当它驶向远处时，频率就会降低(音调变低)。在天文学中，应用于电磁辐射的多普勒效应为我们分析遥远物体(例如其他恒星和星系)的运动提供了很大帮助。

F

反照率 物体反射的辐射相对于其接收的总辐射之比。反照率最低值为0，对应的是“黑体”，即一种能够吸收自身接收到的全部辐射的理想物体。在通常情况下，新鲜的雪地的反照率在0.8到0.9之间，也就是说它们反射了大部分入射光线。

分子云 是星际云的一种，它的密度和温度允许氢分子(H_2)形成。分子云内部是气体和尘埃更为密集的区域，当引力足够大时，可触发恒星的生成。

G

伽马射线 电磁波谱中具有最高能量辐射的部分。这种辐射能够使其他原子电离，从而触发生物体的突变。宇宙射线与地球大气的碰撞是伽马射线的自然来源。

谷神星 它是离地球最近的矮行星，也是小行星带中已知最大的天体。黎明号探测器(Dawn)的研究发现：它的直径为946千米，其质量约等于0.000 15个地球，绕太阳一周需要4.6年。

光变曲线 描述天体在一定时间内的光强的图表。它可以是周期性的，比如变星所产生的变幻不定的光，或者是由于行星遮挡恒星产生的光变；也可以是偶然性的，比如超新星爆发时发出的光。

光度 在天文学中，它是天体例如恒星、星系等在一定时间间隔内辐射出的总能量。光度以瓦特或焦耳每秒为单位。一般用太阳光度作为参考，太阳的光度是 3.84×10^{26} 瓦特。可以根据恒星的大小和温度确定恒星的光度。

光子 从伽马射线到射电波等各种形式电磁辐射中的基本粒子。光子没有质量，在真空中以近 30 万千米 / 秒的速度传播。在宇宙中，任何有质量的物体都不能达到光子的传播速度。

H

褐矮星 质量介于巨型行星和恒星之间的天体，因为它在形成过程中没有聚集足够多的物质来引发氢核聚变，所以也被称为“失败的恒星”。它的质量通常是木星的 13 ~ 80 倍。

黑体 理论中能够吸收全部入射光的理想物体。这种物体在被加热时产生的辐射叫作黑体辐射，其能量大小只和温度有关。恒星与黑体非常接近，可以近似看作后者。通过恒星的光谱能量分布，我们可以知道它的表面温度。炽热的恒星发出的辐射集中于较短的波长，而较冷的恒星发出的辐射集中于长波波段。

红矮星 主序星中比较冷的小恒星。它的质量是太阳质量的 0.007 5 ~ 0.5 倍，表面温度不超过 4 000K。它是银河系中最常见的恒星类型，银河系中 3/4 的恒星都是红矮星。它的寿命极长，可以达到数十亿年。

红超巨星 宇宙中体积最大的一类恒星。红超巨星是恒星离开主序后的最后阶段之一。与红巨星不同，红超巨星继续比碳更重的元素的核聚变过程，直到最终爆炸为超新星。

红外卷云 在红外光谱中可见的暗淡纤维状结构，存在于天空的许多地方，尤其是远离星系中富含物质的区域。它们源于甚低温环境下被新生恒星的紫外线加热的尘埃微粒。

红移 这是电磁辐射（如可见光）波长增加的现象。每当发射源离开观察者时就会发生这种情况。它与宇宙的膨胀有关，因此在天文学中得到了广泛的应用。来自遥远星系的光以非常微弱的红色到达我们这里。红移用字母 z 表示，即增加的波长与原始波长之比。这就意味着微波背景辐射（宇宙中最古老的光）有一个 z = 1 089 的红移。该红移与多普勒效应直接相关。

环 它是由小碎片和尘埃组成围绕着行星或其他天体运行的圆盘。所有气态巨行星都有环，它也出现在一些较小的天体上，例如小行星凯莉克罗星。但其中最著名的是土星环。

彗星 冰冻的小型天体。这种天体在接近太阳的时候，会释放出表面积聚的气体。这一过程使彗星产生了一种尾巴状的结构（称为彗发）。在适当的条件下，甚至可以在地球上用肉眼看到彗发。

J

绝对零度 理论上的温度下限，在开尔文标度上表示为 0K，在摄氏标度上表示为 -273.15℃。在这一点上，自然界的基本粒子仅保留了一些量子性质，而没有表现出任何其他行为。

K

柯伊伯带 位于海王星轨道以外的星周盘。它从距离太阳大约 30 AU 延伸到 50 AU。尽管它类似于小行星带，但它的总质量约为小行星带的 20 ~ 200 倍。位于柯伊伯带的 3 颗矮行星：冥王星（和它的卫星卡戎）、妊神星和鸟神星。

可见光谱 肉眼可见的一部分电磁波谱。它对应的波长介于 390 ~ 770 纳米，该范围内的电磁波也被称为可见光。

L

莱曼系 由氢原子电子向第一能级跃迁产生的发射线。它出现在紫外波段，以美国物理学家西奥多 · 莱曼（Theodore Lyman）的名字命名。

类星体 极其明亮的活动星系核，由一个超大质量的黑洞以及冲向黑洞并围绕黑洞运动的一系列物质共同组成。最强大的类星体的光度比银河系高出数千倍。今天，类星体是一种罕见的现象，但是大约在 100 亿年前，大多数星系的中心都有一个类星体。

凌 对观察者来说是一个天体经过另一个天体表面的过程。凌星是发现系外行星的主要方式。在太阳系中，我们可以定期观测到金星和水星凌日。日食准确来说是“月球凌日”。

M

密度 物质或物体的质量与体积之间的关系。用公式 $\rho = m/V$ 计算，其中 ρ 是物体的密度，m 是质量，V 是体积。在天文学中，一般是指天体的密度。地球的密度为 5.513 克 / 厘米 ^{3}。

N

纳米 十亿分之一米，即 0.000 000 001 米，可以用科学记数

法将其写为 1×10^{-9} 米。它通常用于表示原子的尺寸。例如，氦原子的直径为 0.1 纳米。

P

帕邢系 由于氢原子电子跃迁到第三能级而产生的一系列光谱发射线，出现在红外波段。它以德国物理学家弗里德里希·帕邢（Friedrich Paschen）的名字命名，也被称为“里茨－帕邢系”。

频谱仪 能够分析声音或光的频率的仪器，可以借助它确定恒星、行星及其他天体的化学成分和用途。

平衡温度 在把行星当作一个黑体，且行星表面没有大气时，理论上的行星表面温度。该温度反映了行星从其母星接收的能量与自身的红外辐射之间的差异。就地球而言，为了保持热平衡，必须以电磁辐射的形式释放所有从太阳接收到的能量。对于探测系外行星，这是一个有用的概念：因为这个理论温度并没有考虑行星是否存在大气层，也就是没有考虑温室效应，所以平衡温度与实际温度之间的差异可以使我们知道行星大气的存在。

平流层 地球大气层的第二大层，在对流层之上、中间层之下。它约占地球大气层的 20%。

Q

氢 是用字母 H 和原子序数 1 表示的元素。它的原子形式约占宇宙中所有重子物质，即可观测物质的 75%。它以不同的方式存在。如果失去电子，它会带正电，并被称为电离氢（HⅠ）；如果质子保留其电子，则称为中性氢（HⅡ）；它也可以分子氢（或双原子氢）的形式存在，由该元素的两个原子形成。

R

热辐射光谱仪 能够分析材料中的化学键并确定其气体、液体和固体成分的仪器。火星环球勘测者号探测器上装备有这种仪器。

S

射电波 波长比红外线长的电磁辐射类型。在天文学中，它们是由我们在宇宙中发现的一些最有活力的物体发出的。因此，对射电波的研究可以对超新星遗迹进行分析，并且可以更好地了解脉冲星、银河系的中心和背景辐射。

W

微波 一种电磁辐射，其波长范围为 1 毫米 ~ 1 米。射电天文学使我们能够研究来自恒星、行星、星系和其他天体的微波辐射。科学家探测到的宇宙微波背景（宇宙中最古老的光）正是这种波。

微米 长度的单位，等于千分之一毫米。

温差 在一定时间内可以达到的最高温和最低温之间的差。例如，火星的温差可以达到100℃，从白天的20℃降到夜的−80℃。

X

系外行星 也称为“太阳系外行星”，是位于太阳系外部的绕恒星运行的行星。1992 年确认首次发现系外行星。自那时以来，已发现 4 000 多颗系外行星。在 2009—2018 年运行的开普勒望远镜是该领域中最多产的望远镜，共发现了 2 662 颗系外行星。

仙女星系 距离银河系 250 万光年的旋涡星系。它是因为所在星座的名字而被命名的，是距离我们最近的旋涡星系。根据斯皮策望远镜在 2006 年所做的观测，估计它包含大约 1 万亿颗恒星，是银河系估计的 1 000 亿 ~4 000 亿颗恒星的两倍多。此外，它的直径约为 22 万光年，因此大约是银河系的两倍大。预计它将在大约 40 亿年后与银河系相撞，并且两者将形成一个椭圆星系。

小行星 小行星是指在太阳系中的小天体。科学家们猜测它们是古代微行星的遗迹，这些微行星没有积累起足够的物质来聚合成长为行星。大多数小行星都位于木星和火星之间的小行星带。

小行星带 它是一个位于火星和木星轨道之间的星周盘（即围绕太阳旋转的碎屑堆积而成的密集区域）。它包含许多小行星，其质量只有月球质量的 4%。大部分质量集中于四个天体：矮行星谷神星，还有小行星灶神星、智神星和健神星。

星暴 星系中猛烈的恒星形成事件，通常是与其他星系碰撞的结果。在此期间，星系以比正常情形高得多的速率形成新恒星。

星际尘埃 来自古老恒星的残骸，由存在于恒星系统之外的太空中的微小粒子组成。对它们的研究有助于我们更好地了解恒星的演化。一般而言，所有这些粒子都被称为宇宙尘。

星冕仪 可以连接到望远镜的设备，目的是阻挡恒星发出的光。由于它阻挡了恒星发出的光，附近其他天体就可以被观测到。除了广泛用于太阳研究外，它还用于寻找邻近恒星的系外行星。

星团 一群恒星由于自身引力作用束缚在一起，叫作“星团”。可分成两大类型：球状星团，由古老恒星组成的巨大恒星群（恒星数量从一万到数百万颗不等），其恒星年龄大约有 110 亿年的历史；疏散星团，它只包含几十颗年轻恒星。与球状星团不同的是，最终，疏散星团仅凝聚数百万年就会散开，其中所有的恒星在诞生之初就已成团。

星系臂 从旋涡星系中心延伸出来的由恒星、气体和尘埃组成的旋涡状结构。它们是旋涡星系外形的主要特征。银河系也具有旋臂，太阳系位于它其中的一条旋臂上，称为猎户臂，有时也称为本地臂。

星系核 它是一个星系的中心，通常由一大群恒星组成。如果星系足够大，它将包含一个超大质量黑洞。当星系核吸积周边物质时，可能导致中心区域的亮度大大高于正常值。一般这种星系核则称为活动星系核。

星系核球 紧密聚集的一群恒星，一般是指很多旋涡星系（如银河系）中心的明显突起。星系核球是更小结构合并的结果，在其中心处通常存在一个超大质量的黑洞。

星系团 由成百上千个受引力约束的星系组成的结构，是宇宙中受其引力束缚的最大结构。它们可以组成超星系团，最著名的是由大约 1 300 个星系组成的室女星系团，以及距离我们 5 亿光年远且由 2 000 多个星系组成的武仙星系团。大多数星系团的直径在 600 万～ 3 000 万光年。

星周盘 围绕着恒星旋转的气体、尘埃、岩石碎片和其他物质在恒星周围形成的圆盘状累积。根据恒星的演化阶段不同，星周盘表示不同的事物。在年轻的恒星中，它是未来的行星系统形成的基础。但是在白矮星（一种恒星遗迹）中，它表示在恒星演化过程中留存下来的一部分行星系统的物质。

X 射线 一种高能辐射，但略低于伽马射线。它是由温度超过 100 万摄氏度的天体发出的。因为地球大气层会吸收 X 光，所以，它们的研究只能在太空中进行。

Y

亚毫米波 也称为“太赫兹辐射”，其波长范围是 1 毫米 ~0.1 毫米。温度为 10 开尔文 ~20 开尔文的寒冷尘埃能够产生这种辐射。因此在天文学中，经常用这个波段来研究银河系星际空间和遥远星系中的尘埃。

原恒星 仍在从分子云中吸收质量的年轻恒星。这是恒星演化过程的第一阶段，其持续时间决定了成熟之后的大小，太阳的原恒星阶段持续了 100 多万年。它始于分子云中物质的坍缩，核聚变开始就代表原恒星阶段的终结。

原行星盘 环绕在新生恒星周围的致密的气体尘埃盘。随着时间推移，原行星盘将逐渐孕育出行星系统中的天体，其中的物质也可能被注入恒星中。

Z

增益 关于天线指向性和效率的变量。它描述了天线作为发射器将能量转换成无线电信号或作为接收器将无线电信号转换为能量的程度。高增益天线在特定方向聚拢，低增益天线则以较大的角度接收和发射信号。

中间层 位于高度为 50 ～ 85 千米处，在平流层和热层之间，是地球大气层的一层。其特点是温度随高度的升高而降低，最低温度可达 -80℃。从太空坠落到地球的流星体在该层被分解。

紫外线 电磁波谱辐射的一种。它的波长比可见光的波长短，但比 X 射线的波长长。太阳发出的能量中大约有 10%是紫外线辐射。

图片来源

封面：
NASA / JPL-Caltech / University of Arizona / Hi-Rise; Contraportada: (上) NASA / JPL-Caltech / UCLA; (左下) ALMA (ESO / NAOJ / NRAO); (Luz visible): NASA / ESA / Hubble Space Telescope; (右下) NASA / JPL-Caltech / University of Arizona / Hi-Rise;

内文：
2-3: Mark A. Garlick; 4-5: NASA / JPL-Caltech / UCLA; 6-7: NASA / ESA / S. Beckwith (STScI) / HUDF Team; 8-9: ESO / ALMA (ESO/NAOJ/NRAO) / Miller et al.; 10-11: NRAO / AUI / NSF / S. Dagnello; 12-13: NASA / ESA / Hubble SM4 ERO Team;

14-15: NASA / JPL-Caltech / UCLA; 16-17: Carles Javierre (Infographics); 18-19: NASA / ESA; 20-21: NASA / ESA, F. Summers / G. Bacon / Z. Levay / J. DePasquale / L. Frattare / M. Robberto / M. Gennaro (STScI) / R. Hurt (Caltech / IPAC); 22-23 (1): NASA / GSFC / MITI / ERSDAC / JAROS / U.S. / Japan asterweb.jpl.nasa.gov / ASTER Science Team; (2): NASA Earth Observatory image / Robert Simmon, Suomi NPP VIIRS data from Chris Elvidge (NOAA National Geophysical Data Center); (3): AFP PHOTO / NOAA / NASA / Handout / Getty Images; (4): NASA / GSFC / MITI / ERSDAC / JAROS / U.S./ Japan ASTER Science Team; (5): NASA Earth Observatory / Jesse Allen & Robert Simmon, Landsat data from the USGS Earth Explorer; (6): NASA; 24-25: IRAS / COBE / NASA / NIVR / SERC;

26-27: NASA / JPL / STScI; 28-29: Juan Venegas; 28 下 : NASA / JPL; 30-31: ESA / VIRTIS-Venus Express / INAF-IAPS / LESIA-Obs. Paris / G. Piccioni; 31上 : ESA / VIRTIS / INAF-IASF / Obs. de Paris-LESIA; 31 下 : Juan William Borrego Bustamante; 32-33: NASA / JPL-Caltech / University of Arizona / Hi-Rise; 34-35: NASA / IRTF / JPL-Caltech / University of Oxford; 35下 : NASA / JPL-Caltech; 36-37: NASA / ESA / H. Weaver / E. Smith (STScI); 37上 : NASA; 38-39: NASA / JPL-Caltech / R. Hurt (SSC); 39 下 : Erich Karkoschka (University of Arizona) / NASA / ESA; 40-41: NASA / Johns Hopkins University Applied Physics Laboratory / Southwest Research Institute; 40 下 : NASA / JPL-Caltech / J. Stansberry (Univ. of Arizona); 41上 : Ned Molter & Imke de Pater, University of California, Berkeley / C. Alvarez, W. M. Keck Observatory; 41 下 : Erich Karkoschka (University of Arizona Lunar & Planetary Lab) / NASA / ESA; 42-43: Mark A. Garlick; 43 上 : NASA / JPL-Caltech; 44-45: NASA / JPL-Caltech; 44 下 : NASA / ESA / P. Kalas (University of California, Berkeley); 45 右 : SO / J.-L. Beuzit et al. / SPHERE Consortium;

46-47: NASA / ESA / R. Thompson (Univ. of Arizona); 48-49: NASA / JPL-Caltech; 48 下 : Felipe García Mora; 49 下 : NASA / JPL-Caltech / N. Evans (Univ. of Texas at Austin) / DSS; 50-51: NASA / JPL-Caltech / L. Rebull (SSC / Caltech); 52 下 : NASA / JPL-Caltech / T. Bourke (Harvard-Smithsonian CfA); 53: ESO; 54 (1): NASA / ESA / M. Livio and the Hubble 20th Anniversary Team (STScI); (2): NASA / JPL-Caltech / J. Hora (Harvard-Smithsonian CfA); (4): NASA / JPL-Caltech / J. Rho (SSC / Caltech); 55 (3): ESA / PACS & SPIRE Consortium / HOBYS Key Programme Consortia; (5): NASA / ESA / Hubble Heritage Team; (6): NASA / ESA / Hubble Heritage Team; 56-57: ESO / spaceengine.org; 57上 : ESA / Hubble / NASA; 57下 : NASA / ESA / K. Luhman (Penn State University); 58-59: ESO; 60-61: G. J. Bendo / JBCA / NASA; 60 下 : Felipe García Mora; 61上 : NASA / JPL-Caltech; 62-63: NASA / JPL-Caltech / S. Stolovy (Spitzer Science Center/ Caltech); 64-65: ÷2002 Gendler; 64上: NASA / JPL-Caltech / K. Gordon (University of Arizona); 64下: NASA / JPL-Caltech / P. Barmby (Harvard-Smithsonian CfA); 64 中 : ESA / Herschel / PACS / SPIRE / J. Fritz / U. Gent; 65: ESA / Herschel / PACS / SPIRE / J. Fritz, U. Gent; (rayos X) ESA / XMM Newton / EPIC / W. Pietsch, MPE; 66-67: ESA / J.-P. Kneib (Observatoire Midi-Pyrénées) / CFHT; 67 左 : NASA / ESA / Johan Richard (Caltech); 67 右 : W.Couch (University of New South Wales) / R. Ellis (Cambridge University) / NASA / ESA;

68-69: NASA / JPL-Caltech / J. Bally (University of Colorado); 70-71: Jean-Philippe Delobelle / Getty Images; 72-73: Christopher Stewart / Alamy Stock Photo; 73 下 : Juan William Borrego Bustamante; 74 (触须星系): ALMA (ESO / NAOJ / NRAO); (Luz visible): NASA / ESA / Hubble Space Telescope; (半人马射电源 A): ESO; (CARMENES): CARMENES CAHA; 75 (猎户座 , a): ALMA (ESO / NAOJ / NRAO) / J. Bally; (猎户座 , b): ESO / H. Drass / ALMA (ESO / NAOJ / NRAO) / A. Hacar; 76-77: 2MASS / T. H. Jarrett / R. Hurt; 76 (后发星系团): NASA / JPL-Caltech / L. Jenkins (GSFC); (银河的中心): 2MASS / G. Kopan / R. Hurt; (长蛇星系团): 2MASS; 79 (Perseo-Piscis): ESA / NASA / JPL-Caltech / STScI; 79 (Plano galáctico): ESO / S. Brunier; 77 (英仙 – 双鱼超星系团): ESO; 79 (1983i): 1369th audiovisual squadron of the US Air Force; 78 (1983d): NASA; (1998): NASA; (1999): NASA; (2009i): ESA / PACS / SPIRE / HSC Consortia; 80 (2009d): NASA / JPL-Caltech / UCLA; 79 (1995i): NASA; (1995d): ESA; (1996): MSX / IPAC / NASA; (2003): NASA / JPL-Caltech / W. Reach (SSC / Caltech); (2006): ISAS / AKARI / NASA; (2013): ESA 2002 / Medialab; (2021i): NASA / MSFC / David Higginbotham / Emmett Given; (2021d): NASA; 80-81: NASA / JPL-Caltech; 80 下 : NASA / JPL-Caltech / ESA; 81 下 : Juan William Borrego Bustamante; 82上 : Juan William Borrego Bustamante; 82 下 : NASA / ESA / S. Beckwith (STScI) / Hubble Heritage Team (STScI / AURA); 83 左上 (Evolución): ESA / Hubble / NASA; 83 右上 : ESA/ STScI OPO / HDF-S Team / NASA; 83 下 : NASA / ESA / M. Regan / B. Whitmore (STScI) / R. Chandar (University of Toledo, EE. UU.); 84 左下 : ESA / AOES Medialab; 84 右下 : ESA / NASA / JPL-Caltech / Whitman College y ESA / Hi-GAL Consortium; 84-85: ESA / SPIRE Consortium / HerMES consortia; 86-87: ESA / Herschel / PACS / SPIRE / N. Schneider / Ph. André / V. Könyves (CEA Saclay, Francia).